CASE革命

MaaS時代に生き残るクルマ

中西孝樹

日経ビジネス人文庫

目次

第5章 自動運転 141

第6章 シェアリング&サービス 171

＊本書は２０１８年11月に日本経済新聞出版社から刊行された『ＣＡＳＥ革命――２０３０年の自動車産業』を加筆・修正し、文庫化したものです。

序　章

自動車産業を襲う「CASE革命」

Connected **A**utonomous **S**hared & Service **E**lectric

1●次世代のクルマの覇権は誰の手に？

❖「CASE革命」の世界とは

「CASE」とは、「C＝Connected（コネクティッド＝ネットワークへ常時接続したつながるクルマ）」「A＝Autonomous（自動運転）」「S＝Shared ＆ Service（シェアリング＆サービス）」「E＝Electric（電動化）」の自動車産業の4つの重大トレンドの頭文字を取った造語である。

デジタル化されたクルマは、通信技術やクラウド基盤の発展とともに、ネットワークにインターネットで常時接続されるコネクティッドカーとなり、いわゆるIoTの端末となる。2030年までには先進国の新車はすべてコネクティッドカーとなる見通しであり、ネットワークに接続される車両数は10億台に迫ると試算される。

このような大規模ネットワークは巨大なデジタル市場を生み出し、恐らく、地球上で最後の情報価値の大油田となるだろう。大量の車両センサー情報や交通情報がビッグデータ化され、人工知能（AI）で分析され、様々なサービスが生み出されていく。自動運転、コネクティビティ、シェアリング（共有）など、ネットワークを基盤に無限のモビリティサービスが生み出されていく。

この結果、人間の移動（モビリティ）の姿が大きく変わる可能性がある。個人がクルマを所有して運転の主導権を持って移動する伝統的な姿から、Mobility as a Service（ＭａａＳ＝マース、サービスとしてのモビリティ）に進化していくのである。これを移動革命と呼ぶこともあるが、「ＣＡＳＥ」戦略から生み出されるクルマの価値とものづくりの大変革を包括的に捉える「ＣＡＳＥ革命」と呼ぶことが相応しいだろう。

伝統的な自動車産業のビジネスモデルとは、巨額の設備投資を実施し、その資本回収のスピードと規模を争うゲームであった。ここでの規模（スケール）は直線的な成長カーブであった。ところがＭａａＳを中心に移動するモビリティ産業では、データの量とその支配力が競争力の源泉となる。このとき規模（スケール）は指数関数的な成長カーブに変わる。そのためにはデータを支配できるプラットフォームがカギを握り、サービサー（サービスを提供する事業者）を囲い込んだエコシステム（収益構造）を構築できるかが重要な競争力となっていく。移動距離や利用時間を基に課金する新しいビジネスの拡大に対応しなくてはならない。

自動車産業は誕生して以来の大規模な変革期を迎えた。競争力の源泉が変わり、クルマの価値は革命的に変化し、ものづくりを中心とした産業構造が崩れる。ＭａａＳに不可欠なプラットフォームを築き、データを支配し、魅力的なサービサーを囲い込む、全く新しい能力が自動車メーカーに求められている。単なる製造業ではなく、モビリティ

図表序-1 ● MaaSの拡大に伴う自動車産業構造の変化

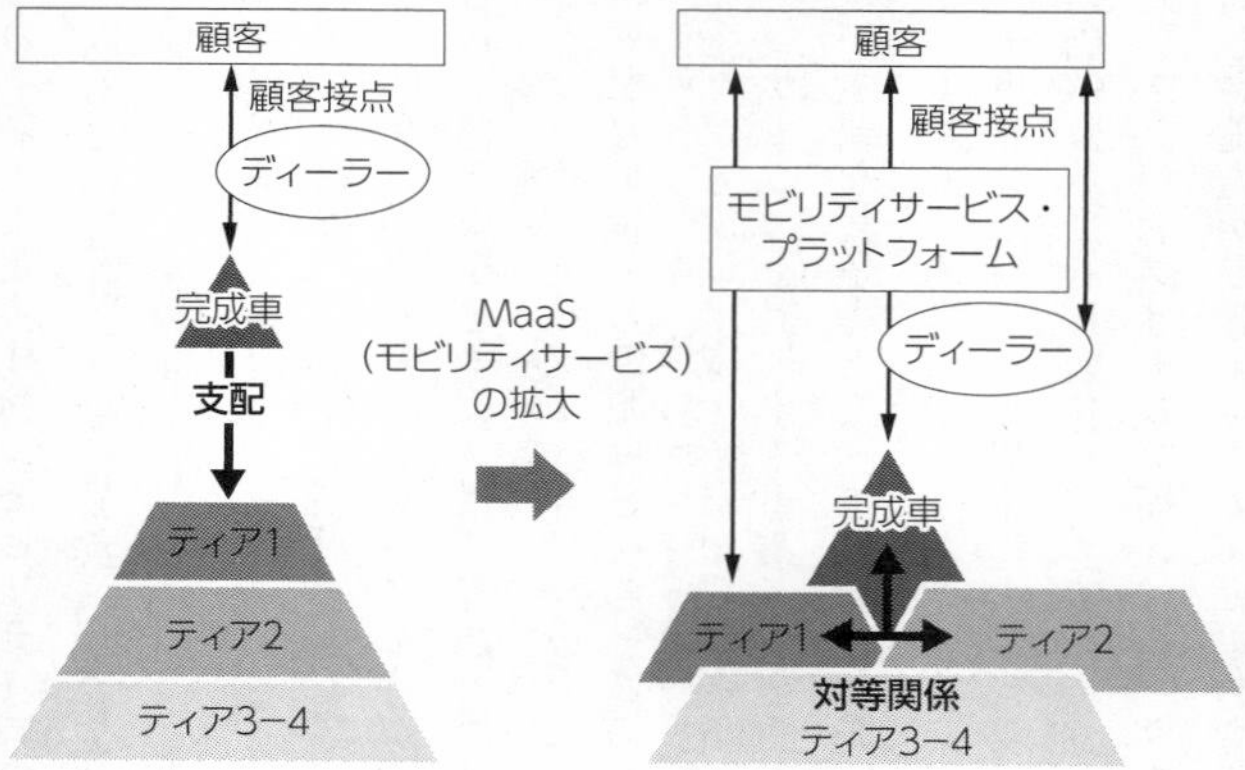

出所：ナカニシ自動車産業リサーチ

サービスの基盤づくりからサービスそのものを提供する事業体へと自動車メーカーは生まれ変わっていかなくてはならない。

サプライヤーにも劇的な変化が訪れそうだ。伝統的な自動車産業は、自動車メーカーが主導権を握り、部品や製品を供給する1次サプライヤーであるティア1、2次サプライヤーのティア2、ティア3−4がピラミッド構造を形成し裾野を大きく広げてきた。しかし、MaaSが拡大するとき、このような産業の垂直統合は崩れる公算が大きい。ボッシュやデンソーといったティア1の事業領域は限りなく自動車メーカーと接近し、ソフトウェアの支配をめぐり自動車メーカーとティア1の激突が起こる可能性もある。

ハードウェアの付加価値では、ティア2が支配する領域が拡大するだろう。インテル、エヌビディア（NVIDIA）、ルネサスなどの半導体メーカーや、パナソニック、中国の寧徳時代新能源科技（CATL）といった電池メーカー、日本電産、ソニーなどの電子部品メーカー、新興企業群が付加価値の多くを支配する好機に恵まれる。新しい付加価値が産業の川下に生まれるが、新規参入の事業者がその価値へ群がることが考えられる。チャンスとリスクの狭間に立つディーラーはうかうかしてはいられない。

欧州の自動車産業戦略は、デジタル化を国際競争力の向上の柱に据えた。IoTを駆使したインダストリー4・0（第4次産業革命）がそれだ。これはすべての工場をIoTでつなぎ合わせ、標準化されたネットワークを構築するものだ。ドイツを中心にIoTでものづくりを強化し、同じ仕様のもとで中国などの新興国を囲い込み、欧州製造業を中心とした地域産業の発展を実現しようとしている。インダストリー4・0の中心プレイヤーはSAPやボッシュであり、既存のピラミッドを逆転させようとするティア1サプライヤーの逆襲にも見える。

2050年頃の未来の自動車産業では、都市と社会インフラがMaaSを基に築かれる理想の世界への広がりが見えてくる。「ソサエティ5・0」で実現される超スマートシティとは、クルマが社会のデバイスとなり、公共性の高い共有資産となっていく。

図表序-2 ● Society 5.0による新たな価値と産業や社会の変化

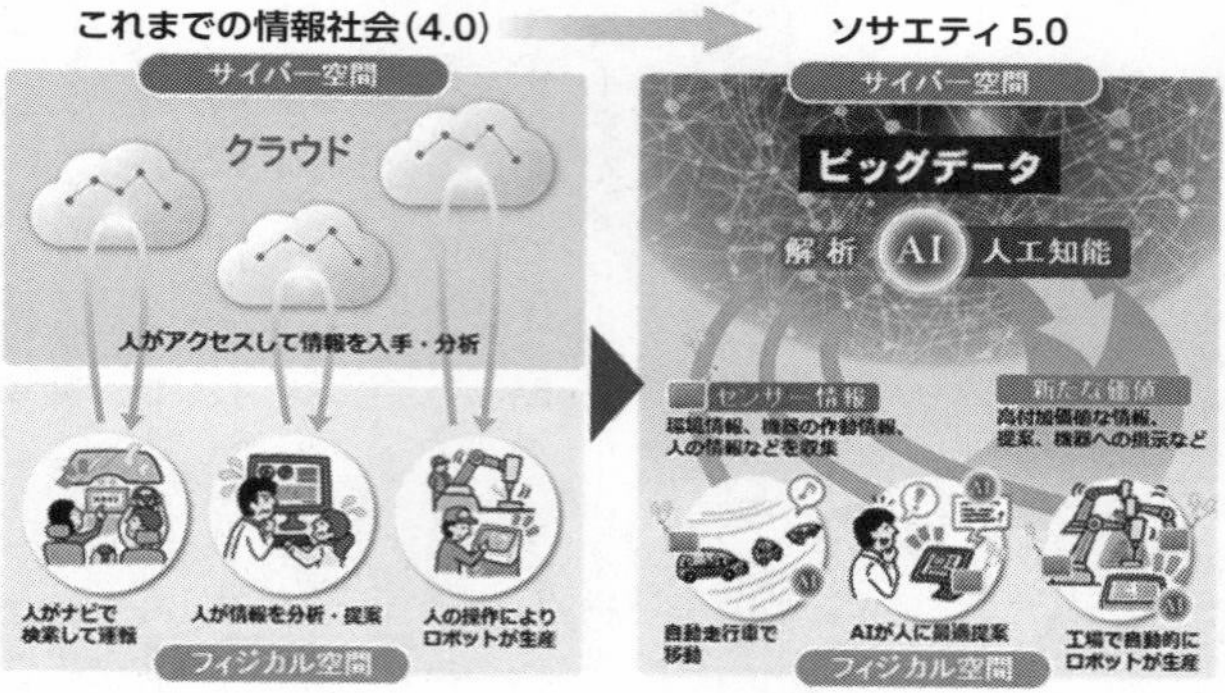

出所：内閣府

「CASE革命」の目指す先には、社会全体を変革するスケールの大きい自動車産業の究極的な未来の姿がある。

これまでの情報社会は「ソサエティ4・0」と呼ばれ、知識や情報は共有化されず横断的な連携が欠けた世界であった。それが「ソサエティ5・0」では、IoTによってすべての人とモノがつながり、仮想空間（サイバー空間）と現実空間（フィジカル空間）を高度に融合させる社会が訪れる[1]。

サイバー空間に集積されたビッグデータをAIが解析し、その結果が自動運転車やモビリティサービスとしてフィードバックされてくる。超スマートシティでは、環境問題、少子高齢化、過疎化などの社会課題を本質的に解決することが可能となってくるのである。クルマといえば、成熟しコモディティ化に向かう発展力の乏しい産業とかつては見られがちであったが、今は違うのだ。デジタル化の波に乗れるなら、社会の改善をもたらす成長産業として再び脚光を浴びる可能性を秘めているという認識を持つべきだろう。

❖破壊的な挑戦者への呼び水

クルマがデジタル化されるなら「主役は我々だ」とばかりに、自動車ビジネスへの参入を進めるのが群雄割拠のIT企業、電機メーカー、テクノロジーベンチャー企業だ。クルマのデジタル化の進展は、巨大な自動車産業を狙う破壊的な挑戦者の呼び水となったのである。

電機メーカーはセンサーなどの川上から、インテルやエヌビディアの半導体メーカーは川中、グーグル、アップル、フェイスブック、アマゾン・ドット・コムの4社を示すGAFA（ガーファ）などのIT企業は川下からと、それぞれの得意分野から自動車産業を切り崩そうとしている。GAFAは第2章で解説する2つのアプローチで自動車産業に攻め込み、産業界に君臨してきた自動車メーカーを従属者に転落させようとしている。

破壊者は自動車産業からも登場している。米国ではEVで革命を起こそうとするテスラを代表とする多くの新興企業が生まれた。その中でも、時価総額でトヨタ自動車を追い抜いたテスラは大成功を見せつけた。その核心的な成功要因とは何であったのか。まさしく、ＣＡＳＥ革命を自らの競争力に取り込んで、時代の最先端を行くクルマの価値を提供しているからである。

経済危機から息を吹き返した米国自動車メーカーは、自動車産業に対する覇権を日本と欧州から奪い返そうとする破壊的な戦略を明確に掲げている。その代表は創業１００年目に経営破綻という屈辱を味わわされたゼネラルモーターズ（ＧＭ）である。

ＧＡＦＡと協調し、ＧＭはＭａａＳを基にする産業改革を推進するよう米国政府に強力なロビー活動を繰り広げ、事実、国家産業戦略の一環として、規制緩和や運用ルール作りなどで米国は世界を先導しようとしている。世界に先駆けて無人の自動運転配車サービスを立ち上げるのは、かつての自動車産業の覇者であったＧＭなのである。

ここに最強のゲームチェンジャーとして台頭してきたのが、中国の国家戦略とその市場拡大の恩恵を受ける中国自動車産業である。世界貿易機関（ＷＴＯ）に加盟した２００１年が中国自動車市場の始まりとすれば、当時の自動車販売台数はたかだか２４０万台程度の小さな市場にすぎなかった。それが２０１７年には２８８０万台へと10倍以上に拡大し、世界最大の自動車大国となった。

中国の習近平《シー・ジンピン》国家主席は、自動車産業が迎える「ＣＡＳＥ革命」の変化を自国の産業政策に取り込み、巨大なだけの自動車消費大国から、世界の自動車強国への転換を目指している。中国政府は2015年に「中国製造2025」、2017年には「自動車産業の中長期発展計画」を公表、2018年には「新エネルギー車（NEV）規制」を施行しており、いよいよ本格的な攻撃態勢を整えてきた。2030年に1900万台ものEV、プラグイン・ハイブリッド車を含むNEVの製造販売を目指し、次世代自動車の世界的な主導権を完全に掌握しようとしている。

産業政策として、中国が日本を追い込む有効な手段は容易に見出すことができる。EVを早期に普及させることによって自動車の動力源であるエンジン（内燃機関）を無力化し、日本の自動車産業の国際競争力を封じ込めればよいのだ。そうすれば、中国が日本に代わり世界の自動車強国に躍り出て、一方の日本はブドウやイチゴを生産する高級農業国あたりだろうか。

2●立ち向かう日本の自動車産業戦略

トヨタの主要役員は年の瀬に恒例のアナリスト懇談会を開いてきた。2016年の年末懇談会である役員がこうこぼした。

「数年前に、20年後の2035年の究極のモビリティがどこに向かっていくかシナリオを検討しました。間違いなく、ストレスフリーで変化が加速化する方向へモビリティは向かうだろうと考えました。自動運転はいうまでもなく、電気を使うモビリティが拡大する。シェアリングや月極めの定額で利用できるサブスクリプションの活用で、クルマの所有欲は後退し、コネクティッドでクルマの点検整備も不要となる」

「これを実現するには、自動車産業はオープンで水平分業の構造に変わっていかなければならないと考えた。構造変化に対応するためには、2025年頃までには多くの技術や新しい能力構築が必要だとは認識していたのだが、瞬く間に、5年、10年単位で時間軸が前倒しされている。このままでは、シナリオは異業種によって実現されてしまう。我々は、変わらなければだめだ」

自動運転、インターネットへの常時接続で生まれるテレマティクス、シェアリング、電動車などは自動車産業にとって何も新しいトレンドではない。モビリティの未来を考えたとき、将来に訪れる顧客ニーズの変化は十分に予想され、必要な改革が何であるかも十分に理解されていた。しかし、問題意識を持っていても自動車産業の行動は遅く、破壊的イノベーションをもたらそうとする異業種や新興企業にいきなり脅かされ始めている。真摯に顧客ニーズに向き合っていなかったと言われても仕方がない。要するに、国内自動車産業はイノベーションのジレンマに陥っていたのである。

経済的な混乱や天災があり、対応が数年遅れたことは不運であった。iPhone3G

が世界のユーザーから熱狂的に支持されていた2008年頃、金融危機の中で自動車産業は存亡の危機にあったのである。世界需要の30%が瞬間消滅したこの危機に際し、資金繰りの目途も付かない自動車産業は戦略の見直しを迫られ、成長戦略どころか固定費構造の抜本的な見直しが最大の優先課題であった。

死の淵から生還し、各社の体制が落ち着き始めたのは2011年頃だろう。そこに、トヨタの品質問題が勃発し、不幸にも同じタイミングで東日本大震災が襲った。国内自動車産業は世界のライバルから1年以上は出遅れたのである。その間、ホンダは成長戦略につまずき、経営は混乱して現在でも本業強化の改革にあえいでいる。日産自動車は資本提携する仏ルノーとのアライアンス強化の中で、すっかり欧州戦略の中に取り込まれ、燃費不正問題を起こした三菱自動車も同様にそこに取り込まれた。国内自動車産業の行方はトヨタ自動車の成否に大きく委ねられているといっても過言ではない。

2016年は「CASE革命」にトヨタが対応する重要な転換点となった。米国シリコンバレーにAIの研究機関であるトヨタ・リサーチ・インスティテュート（TRI）を設立し、同年11月には「コネクティッド戦略」を世界に向けて発信した。マツダとスズキはトヨタとの連携を決断し、巨大な日本連合の布陣を組んだのである。2018年1月の米国コンシューマーエレクトロニクスショー（CES）において、トヨタ自動車は自動車をつくる会社から、移動に関わるあらゆるサービスを提供するモビリティカンパニーを目指すことを宣言した。

モビリティカンパニーへと変革することを決意したトヨタ自動車を突き動かしたものは何か。自動車産業と破壊的イノベーション企業とのリアルな戦いの本質が何であるのか。４つのトレンドの先にある革命的な産業の変化「ＣＡＳＥ革命」を読み解き、将来シナリオを数値で予測しながら、クルマの価値と社会構造の変化の中での自動車と関連産業の興亡を解説することが本書の目的だ。

こういった変化が瞬く間の革命的な出来事として起こるのか、それが秩序を持った漸進的な進み方をするのか、結果次第では企業活動や市民生活に著しい影響を及ぼすことになる。にもかかわらず、この行程がはっきりしない。本書に先行する多くの議論には、時間軸も含めたプロセスの論考が欠落していると筆者は感じており、本書はそこをうやむやにせず、現実的なＣＡＳＥ革命の解説を目指すものとする。

日・米・欧・中の主要自動車メーカーの戦略を検証し、その中で浮かび上がる国家間競争の構造に焦点を合わせ、日本の危機的な状況を理解したい。２０３０年を勝ち抜く新たな競争力とは何か、国内産業に必要なソリューションを検証する。

変革のど真ん中にいる自動車産業の視点から見た「ＣＡＳＥ革命」の世界を、アナリストの情報力と分析力で論究することが本書の最大の特徴である。この視点は、自動車産業はもちろん、直接的な影響を受ける部品産業、ディーラーなどバリューチェーンに連なる産業へ解決策を提供することにもなると期待している。自動車産業の立場に立てば、破壊的イノベーションを目指す企業にはできれば知られたくない重要な事実や結論も盛り込んだつもりだ。

最後に、今回の文庫化を機に、２０２０年初めから世界で猛威を振るう新型コロナウイルス感染症が及ぼす自動車産業への影響について論考をまとめた。いわゆる自動車産業の新常態《ニューノーマル》の世界とはどのような姿となり、ＣＡＳＥ革命にいかなる変化をもたらすかだ。

第 1 章

「CASE革命」とは

Connected Autonomous Shared & Service Electric

1●「CASE」戦略の発動

❖ダイムラーの選択

ディーター・ツェッチェが世界トップの高級車、商用車メーカーであるダイムラーの取締役会会長に就任したのは2006年と、ずいぶん前のことだ。トルコ・イスタンブール生まれで、大学では機械工学ではなく電子工学を専攻し、その後博士号を取得している。口髭をたくわえた知的な顔つきとウイットにあふれる言動、ドイツ産業界を代表する経営者の一人であった。

2000年以前のツェッチェは商用車部門のトップを務めていたが、日本でも有名なユルゲン・シュレンプ前会長が米国クライスラーとの合併を断行し、クライスラー部門の立て直しで米国社長に送り込まれた。しかし、世紀の合併と言われ、世界中の自動車メーカーを合従連衡の狂騒に陥れたダイムラー・クライスラーの合併経営は混迷した。2005年に宿敵BMWに高級車ブランド世界ナンバーワンの座を奪われるなど、ダイムラーの経営も混迷を深めた。責任を問われたシュレンプは会社を追われ、6年間をデトロイトで過ごしたツェッチェがその後任として帰国したのである。

ツェッチェは「壊し屋」の異名が相応しい激しいリストラを断行した。本社売却やドイツ国内事業のリストラに始まり、クライスラーとの合併をあっさりと解消、社名からメルセデスを外しダイムラーとして再出発する。

メルセデスブランドの高級車と商用車に経営資源を集中させ、ツェッチェの巧みな経営術でダイムラーは復活した。彼が取締役会会長に就任した2006年に28億ユーロにすぎなかったダイムラーの営業利益は直近の2017年では163億ユーロ（2兆1200億円）に達し、営業利益ではトヨタに次いで自動車メーカー世界第2位だ。

メルセデスブランドは魅力的な新車ラインアップに置き換えられ、高級車世界販売ランキングで2016年に実に12年ぶりに首位に復帰し、2017年も2年連続でトップとなった。ショールームでも、中国事業でも、フォーミュラワンでもダイムラーは輝いていた。しかし、唯一輝かないものがあった。それはダイムラーの株価であり、これに対するツェッチェの悩みは深かった。

2015年3月に93ユーロあった株価は、2016年7月に54ユーロまで急激に下げた。好調な新車販売と業績にもかかわらずだ。この株価低迷の原因は、テスラやグーグルなどのビジネスモデルが具体化するにつれ、「破壊者が勝利者、伝統的自動車は破壊される」という評価が株式市場にはっきりと定着したためだ。

破壊的イノベーションに伝統的な自動車産業が敗北し、支配者から従属者へ転落する。世界的なコンサルタント会社は2030年までに壊滅的な変化が自動車産業を襲い、自動車生産は減少し、製造の付加価値が失われるリスクシナリオに警鐘を鳴らし続けていた。すなわち、テスラやグーグルなどの革命家が起こす自動車産業革命の激流にのまれ、ダイムラーは従属者へ転落する。これがダイムラーへの市場評価だった。

ダイムラーは、「株式会社ドイツ」と言われた金融機関の株式持ち合い構造の中で、かつては安定株主に守られてきた。1980年代には、ドイツ銀行が筆頭株主としてダイムラーの株式の25％を所有、同じドイツのドレスナー銀行、アリアンツなどが12％保有していた。しかし、ドイツの金融改革は持ち合い構造を解消させ、その後、多くの金融機関、事業会社が株主価値経営へと大きく舵を切った。

その結果、ダイムラーの現在の株主構成は、ドイツ銀行の保有比率が2％台まで減少し、米国投資会社のブラックロックやハリス・アソシエイツなど、経営にもの申す厳しい株主に囲まれている。創業家が過半前後の議決権を有し、安定した経営を継続できるBMWやVWとは株主構成が大きく違っていた。このままダイムラーの株安を放置することは、戦いの勝敗を決するよりも前に、敵対的買収のターゲットにすらなりかねない。事実、2018年、中国の浙江吉利控股集団を率いる李書福会長が約1兆円を投じ、ダイムラーの全株式の9・69％を取得し筆頭株主に躍り出ている。

100年に一度の大変革期に自動車産業が直面していることは間違いなく、IT企業などのライバルは確かに強敵である。しかし、ツェッチェはどのブランドよりもクルマの技術革新と新しい価値をダイムラーに先取りしてきた経営者だ。自動車産業は築き上げたクルマの製造・流通のプラットフォーム（基盤）を有しており、コンサルタントが危機を煽るほど安易に敗れ去る戦いではない。

完全自動運転車「F015」のコンセプトモデルでは、ダイムラーの圧倒的な存在感を誇示できた。2014年には「メルセデス ミー（Mercedes Me）」というサービス・ブランドを立ち上げ、デジタル化された包括的なコネクティッド、モビリティサービスを開始している。電動化領域では言うまでもなく網羅的な技術力を確立している。ダイムラーのシェアリング事業「カーツーゴー（car2go）」は自動車業界で最も先行しており、世界で最も多くのユーザー数を抱えている。「ムーベル（moovel）」ではマルチモーダル（様々な移動・交通機関を連携させる交通サービス）のプラットフォームで先鞭をつけた。

それにもかかわらず、ダイムラーを勝利者と見ない向きが多いのはなぜか。この戦いで自動車産業が主導権を握るには、いかなる戦略と能力が必要かをツェッチェは冷静に整理し、向かうべき方向性を固めたのである。ガソリン自動車を発明した自動車の生みの親として発展を支え続けてきたダイムラーだからこそやらなければならない。新しいクルマ社会、未来型モビリティへの道筋を示すのだと決断する。自動車会社が主導権を持って破壊的イノベーションをもたらし、完全に新しい価値を創造する。これがダイムラーの「CASE」戦略である。

❖「CASE」戦略の真意

2016年9月29日、世界最古で4大モーターショーの1つであるパリサロン（モンディアル・ド・ロトモビル）では、プレス向け発表初日の朝からダイムラーの話題で盛り上がっていた。新長期戦略、新ブランド、新型EVコンセプトの発表があるとの噂で持ちきりだった。

ブルージーンズのカジュアルな姿で登壇したツェッチェは、いつものようにウイットにあふれるスピーチを始め、まずはこう切り出した。

「若い時に電子工学を専攻すると言ったら、『おまえ馬鹿だな、機械工学にすべきだ』と誰からも言われた。しかし、この40年間は間違っていなかった」

電子工学の成果とばかり、新型のスマートEVを発表し、2025年までに10車種の電動車を市場に投入、新車販売の15～25%をEVへ転換、10億ユーロの電動化投資、ドイツの自社工場でリチウムイオン電池の生産を開始するなど、ツェッチェは電動モビリティ社会の実現に向けたダイムラーの取り組みを強調した。

そして、表情を引き締め、「CASE」戦略、その戦略を具現化する新ブランド「EQ」、第1弾となるクルマの「ジェネレーションEQコンセプト」についてツェッチェは語り始めたのだ。

「CASE」とは序章で触れたとおり、「C＝Connected（コネクティッド）」「A＝

図表1-1 ● 自動車の外部環境の変化とメガトレンド「CASE」

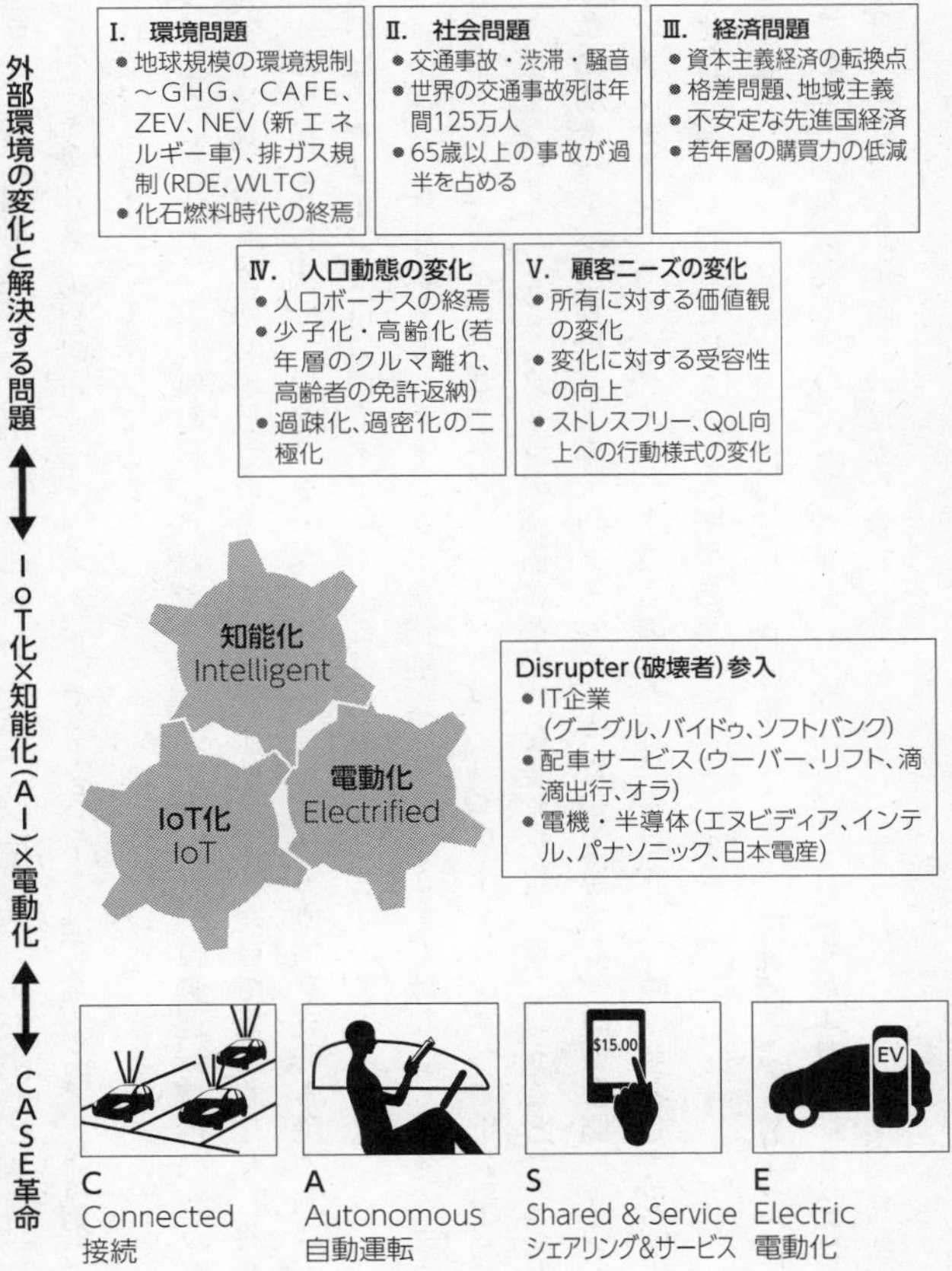
外部環境の変化と解決する問題
Ⅰ. 環境問題
● 地球規模の環境規制〜GHG、CAFE、ZEV、NEV（新エネルギー車）、排ガス規制（RDE、WLTC）
● 化石燃料時代の終焉
Ⅱ. 社会問題
● 交通事故・渋滞・騒音
● 世界の交通事故死は年間125万人
● 65歳以上の事故が過半を占める
Ⅲ. 経済問題
● 資本主義経済の転換点
● 格差問題、地域主義
● 不安定な先進国経済
● 若年層の購買力の低減
Ⅳ. 人口動態の変化
● 人口ボーナスの終焉
● 少子化・高齢化（若年層のクルマ離れ、高齢者の免許返納）
● 過疎化、過密化の二極化
Ⅴ. 顧客ニーズの変化
● 所有に対する価値観の変化
● 変化に対する受容性の向上
● ストレスフリー、QoL向上への行動様式の変化
IoT化×知能化（AI）×電動化
知能化
Intelligent
IoT化
IoT
電動化
Electrified
Disrupter（破壊者）参入
● IT企業
（グーグル、バイドゥ、ソフトバンク）
● 配車サービス（ウーバー、リフト、滴滴出行、オラ）
● 電機・半導体（エヌビディア、インテル、パナソニック、日本電産）
CASE革命
$15.00
EV
C
Connected
接続
A
Autonomous
自動運転
S
Shared & Service
シェアリング&サービス
E
Electric
電動化

出所：ナカニシ自動車産業リサーチ

Autonomous（自動運転）」「S＝Shared ＆ Service（シェアリング＆サービス）」「E＝Electric（電動化）」の自動車産業の４つの重要なトレンドの頭文字を取った言葉だが、これはダイムラーによる造語である。

クルマがネットワークに常時接続されたIoT端末となり、自動運転技術の普及でドライバーは運転タスクから解放される。クルマの価値は所有だけではなくなり、共有し利用する価値を生み出していく。まったく新しいモビリティ価値を支える動力源は、排ガスのないクリーンな電気が支えていく。これが「CASE」の世界だ。

ダイムラーの主張は、４つのトレンドを個別に見据えることではない。ダイムラーの「CASE」に込められた重要なメッセージとは、４つのトレンドが複合的に継ぎ目なくパッケージされたとき、クルマの価値に革命的な変化が起こるということだ。そのような革命的変化を、自動車メーカーのダイムラー自らが主導する、破壊者側に立つという強いメッセージである。ダイムラー自らの存在意義を見直し、破壊者としてその主導者の地位を確立したいという決意表明であった。

電動化とデジタル化が融合した世界は、自動車メーカー、関連産業の在り方、価値、概念を根本から変えてしまうデジタル革命につながる。これこそが本書が切り込む自動車産業の「CASE革命」の世界なのである。

2●IoT化×知能化×電動化＝CASE革命

❖なぜ、自動車産業に革命的変化がなかったか

近代的な自動車産業の始まりをT型フォードとすれば、約100年目に自動車産業は差し掛かっている。この間、経済危機、規制強化、技術革新の荒波を自動車産業は乗り越えてきた。自動車メーカーを頂点とする産業構造や、バリューチェーン（設計や部品製造などの川上から販売やサービスにいたる川下への価値の連鎖）の分断も起こらなかった。秩序が維持され、連続的な技術革新を重ねる安定した産業であった。

2000年初頭のインターネットバブルの狂宴の頃の話である。当時の自動車産業の最大の関心はインターネットを経由した自動車ビジネスのデジタル化であり、B2B（ネットワークを経由する法人間ビジネス）とB2C（ネットワークを経由する法人対顧客のビジネス）のネットワークに支配されることに怯えていた。

この帰結として、自動車メーカーの付加価値は減少、ディーラーはほぼ滅亡し、ネットワークを支配する通信やIT企業が自動車ビジネスのバリューチェーンを支配すると世界のコンサルタントは声高に警鐘を鳴らした。あらゆるドット・コム企業が好機到来とばかりに自動車のバリューチェーンを切り崩しにきた。しかし、バブル崩壊後そのほ

とんどは死滅したのである。グーグル、アマゾンはわずかな生存者であった。

当時、フォードのCEOであったジャック・ナッサーはITビジネスに強く傾倒していた。「フォードはもはや製造会社ではなく、サービスカンパニーだ」とナッサーは豪語していた。それを世界の機関投資家は大絶賛したものだ。しかし、サービスカンパニー構想はものにならず、大規模な製造品質問題の責任を問われ、ナッサーはフォード家によって会社から追い払われた。後始末に登場したのが創業家3代目のウィリアム（ビル）・フォード・ジュニアであり、彼の示した経営方針は「自動車メーカーの基本に立ち返る」であった。

当時、トヨタ自動車はコネクティッドカー（つながるクルマ）の第1弾「ウィルサイファ」を発表し、ネットワーク社会とクルマがデジタルで融合する自動車産業の中で、トヨタの事業の再定義という壮大な試みに挑戦していた。走行距離に応じてリース料金が課金されるという従量制プランが導入され、現在はやりの「サブスクリプション」の先駆者となった。ところが、発売直後のブームは長くは続かず、販売低迷によりわずか3年で市場から姿を消した。

過去にも自動車産業はIT企業から狙われ、内からの変革を目指した歴史がある。しかし、コンピュータ産業や家電産業のような劇的な変革は起こらなかった。「当時と現在ではテクノロジーが違う」と言ってしまえばそれまでだが、本質的な理由は、自動車産業が複雑かつ閉空間の工業製品であったことが変化を阻んだのである。

クルマは人の命を預かり環境を守るという社会的責任が重大で、品質保証の重要性は特別な意味を持つ。品質を担保するためには、綿密なハードウェアの擦り合わせが必要で、複雑な設計をしていかなければならない。ソフトウェアの介在が始まっても、オペレーティング・システム（OS）からソフトウェアまでクローズド・アーキテクチャが維持されてきた。複雑かつ閉ざされた産業はカラーテレビのようなコモディティ製品にも、携帯電話のような単純モジュール生産にも馴染めない。そうなりたくても、なれるような世界ではなかったのである。

クローズド・アーキテクチャでは、台数規模が最大の競争力だ。規模に成長を循環させる仕組みがあり、それこそが自動車が装置産業と言われる所以だ。開発から生産設備にいたるまで自動車産業は巨大な投資を必要とし、巨額投資を回収するスピードを争うゲームとなった。台数を生み出し、1台あたりの限界費用（生産量が1単位増えることで増加する総費用）を抑え、誰よりも早く資金を回収する。その資金をさらに投資し、投資→台数成長→回収→投資の循環を繰り返す中で競争力が向上し、市場の寡占化が進んでいった。

その巨大なオペレーションの傘下にバリューチェーンの広がりを有し、10年以上の長い製品ライフサイクルを持ち、残価価値を保った中古車が広く流通して産業のエコシステムを形成してきた。自動車産業はその頂点に立ち、産業の王者として君臨し、かつピラミッドの頂点で威張ってきたのだ。

❖自動車産業の価値はデータ量に左右される

ところが、自動車産業はいま異業種から最も攻撃される産業となった。その理由は自動車がデジタル化から取り残された巨大市場であり、掘り起こせる大量のデータと生み出される価値が、最後に残された大油田に見えるからだ。この変化は、クルマがネットワークに常時接続されたコネクティッドカー、いわゆるIoT端末となるところから始まる。

通信のイーサネットを発明したロバート・メトカーフは、「ネットワークが生み出す価値は接続するシステムの数の2乗に比例する」という経験則を1995年に提唱した。その頃というのは、パソコンが世界でせいぜい1000万台程度しかつながっていない時代の経験則だ。今やどうだろう。ネットワーク端末としてスマートフォンが40億台も普及している。そのデータをプラットフォームにしているIT企業は凄まじい存在感を有し、創造する価値に驚きを隠せない。

自動車産業のデジタル化もこれに匹敵するような大規模ネットワークとなる可能性がある。そこから生み出される価値は凄まじいほどのポテンシャルがあるだろう。これまでのコネクティッドカーは技術も稚拙であまりにも小さな世界でしかなかった。コネクティッドカーの販売台数は2014年でわずかに1350万台にすぎない。データベースは個々に分断されており、自動車メーカーは1社あたりせいぜい数十万台程度とたかが知れている。

普及できなかった最大の理由は、コネクティッドカーはユーザーが求めるコアサービスを提供できていなかったためだ。しかし、通信速度の向上、クラウド基盤の確立、半導体の演算処理能力の飛躍的な向上などの技術革新の結果、コネクティッド機能は飛躍的な向上が見込まれる。初めてスマートフォンに触れたときのような素晴らしいカスタマー・エクスペリエンス（顧客経験価値）を提供できるようになるだろう。

IT企業の提供するスマートフォン連携によるコネクティッドを含めれば、2030年までには先進国の新車はすべてコネクティッドカーとなり、ネットワークに接続される車両数は10億台に迫ると試算される。ディーラーなどのバリューチェーンも同時にネットワークに接続されると考えれば、ITは門外漢の古いタイプの自動車アナリストですら、この巨大なネットワークから生まれるデータには膨大な可能性があることが想像できる。

❖知能化するクルマ

もう一つの重要な変化が知能化であり、代表する技術が人工知能（Artificial Intelligence）と拡張知能（Augmented Intelligence）で、いずれもＡＩと表記する。人工知能とはデータ処理のツールであり、「機械学習」と「深層学習（ディープラーニング）」に代表される。わかりやすく言えば、大量のデータの中から、パターンを見つけ出す学習方法だ。半導体の処理速度の向上とともに、人間の脳の構造をまねたニューラルネットワークを利用することが今の流行である。ただ、どうしてもこの技術の延長線上には映画「ターミネーター」で描かれた人類とロボットが主権を奪い合い戦う構図が頭から離れない。そこで現在注目されているのが、拡張知能と呼ばれる人間の自然言語を理解し、人間の意思決定をサポートするコグニティブ（認知的）な知能である。ＡＩの知能レベルは人間にたとえればまだ3歳児程度と聞く。これから反抗期も思春期も迎えるだろうから、どういうふうに成長するのか現時点での予測は困難だ。ただ、先述のクルマのビッグデータとＡＩが知能システムを生み出せるのであれば、クルマ社会が抱えてきた様々な問題や悩みを解決へ導くことが可能となる。その代表的な技術が「自動運転」である。

移動（モビリティ）とは人間の欲求の根本的なもので、本能のようなものだろう。お金がなければ歩くしかないのだが、豊かになればプライベートジェットで世界を飛び回ることも可能だ。すなわち、所得と移動距離には強い相関関係がある。所得が上がる、移動コストが下がるという移動への経済条件が好転すれば、人間はさらに移動距離を延長させるはずだ。

過去100年の間にクルマは大普及したが、同時に大変に罪多き工業製品でもあった。交通渋滞や騒音の問題に加え、交通事故の死亡者数は世界で年間125万人に達する。大気汚染、地球温暖化、エネルギーの枯渇、リサイクルなど、環境へ深刻な負荷を生じさせてきた。温室効果ガス（GHG）排出の20％近くをクルマの製造と使用が占めている。

IoTとAIがもたらす自動運転技術は、こういった問題を解決するのに究極のチャンスを生み出せると考えられている。人間により大きな移動の自由をもたらしながら、山積した問題解決を同時に達成できるスマートソリューションを提供できる。オンデマンドで呼び出せる無人配車サービス（以下、「ロボタクシー」）が人・モノの移動を支えるようになれば、渋滞や交通事故を削減し、地球環境に優しく、最適化されたエネルギーバランスを構築することも夢ではなくなる。

❖電動化は究極のスマートソリューション

IoTとAIが移動の自由をもたらす技術革新であるなら、電動化はその自由を真の意味で持続可能とする、自動車産業にとっては究極の技術革新と考える。モビリティが環境に対してカーボンニュートラル（人間活動が大気中の二酸化炭素を純増させないこと）であるためには、理想論として電気や水素の2次エネルギーを効率的に製造し、蓄え、利用する分散型のエネルギー社会を構築しなければならない。

自動運転技術がもたらす新たなモビリティ社会と電動化は親和性が非常に高いことも事実だ。ＥＶはモーター、インバーター、バッテリーの3主要コンポーネンツで構成され、構造は比較的単純である。現在の電池性能では限界があるが、電池性能の向上とともに、擦り合わせ型から組み合わせ型への設計・生産の仕組みの変更も可能となるだろう。

エンジン車はエンジンが生み出す負圧などを利用し停まる、曲がるなどの高効率の走行マネジメントを実現している。それだけ制御が複雑だ。ネットワークに接続し、遠隔操作で自動運転車を制御するとなれば、電気だけを動力源にすることでより単純化できる。技術的にも、低速時のモーターのトルク特性が大きいＥＶは、車両の動作制御がエンジン車より圧倒的に容易である。

自動運転技術の動力源として電気に依存するメリットは大きい。モビリティサービス用に特化した単純機能のロボタクシーであれば、生産・修理・整備は大幅なシンプル化ができるだろう。ロボタクシーの稼働率を高めて採算性を上げるには、整備・修理のリードタイムを短縮化することが重要であるためだ。

しかし、電動化には様々な障害が残されており、電気だけの世界には簡単には移行できない。電気をつくる化石燃料、原子力、再生可能エネルギーの3つの1次エネルギーの構成（エネルギーミックス）をカーボンニュートラルの水準にまで改善させるのは難しい。バッテリーの技術にもまだ制約が多い。確かに着実に進歩しているが、性能、コスト、供給力ともにまだ発展途上の技術である。エネルギーミックス、電池性能ともに相当のブレークスルーがなければ、電気だけに依存するモビリティには簡単に移行できないのである。電動化は次の100年を切り開くクルマが抱えた重大な課題であるが、その解決にはかなりの時間が必要になると考えるべきだろう。

3●「CASE革命」によるクルマの未来図

❖自動車産業とモビリティの未来図

図表1－2は、モビリティ（移動）の未来を概念的に示している。現在から移行期、未来のモビリティの姿を、所有・共有・公共交通に分けてその変化を概念化した。第3章でこのような変化の具体的な数値予想を解説するが、ここでは未来のモビリティへの進化の概念を理解したい。

図表1-2 ● 自動車産業とモビリティの未来図

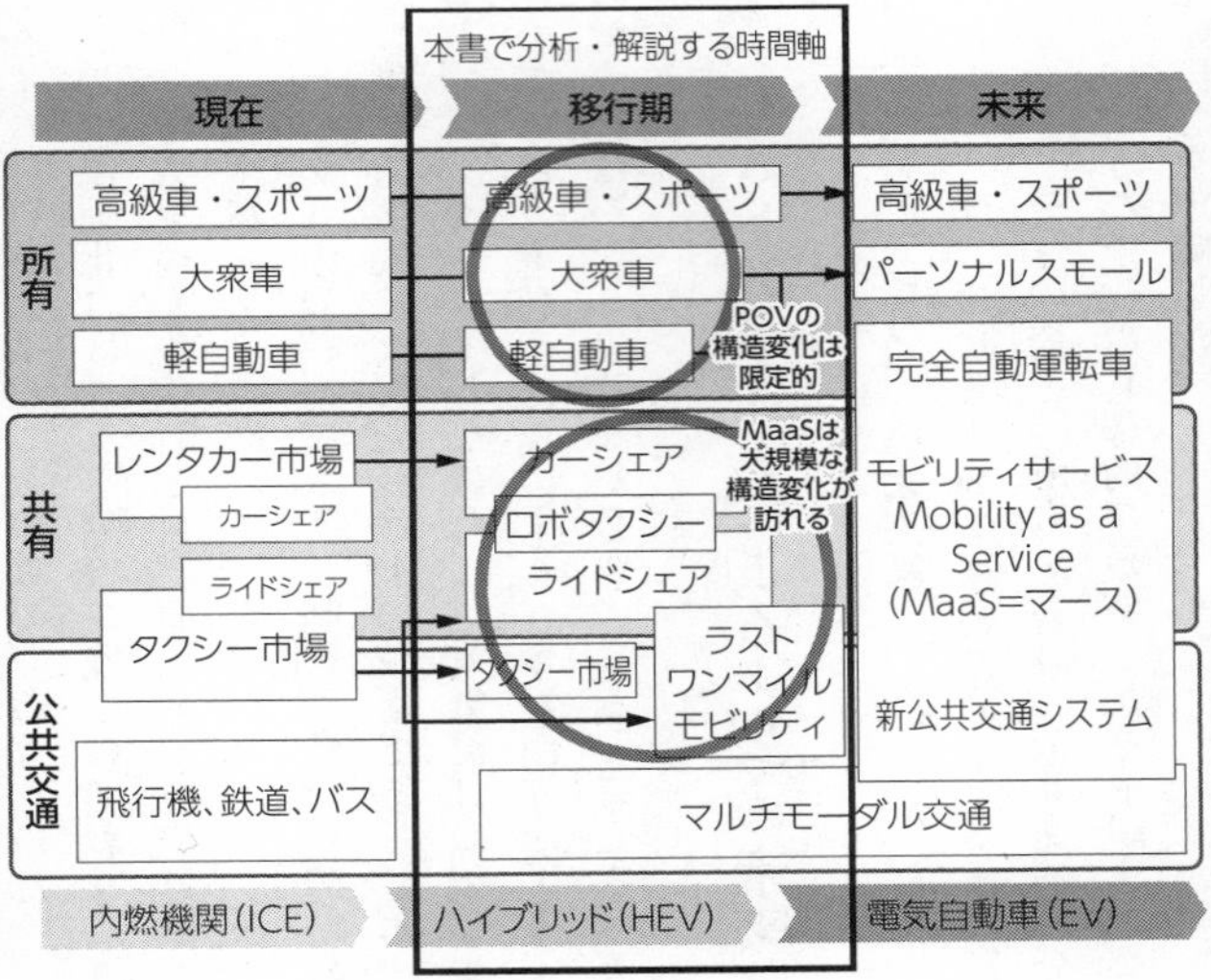

出所：ナカニシ自動車産業リサーチ

現在は、所有されたクルマによってほとんどの移動が実現され、その所有構造はクルマの大きさや性能で階層構造を形成している。移動距離のわずか1〜2％がタクシー、レンタカー、バスなどの共有のモビリティが提供している。未来に向けて、モビリティは段階的に「所有」から「共有」へ移行し、クルマは社会のデバイスとなる超スマートシティへ移行していくと概念的に考えられる。

恐らく、移行期の中間点に位置するのが2030年頃であろう。その段階で、シェアリングエコノミー（共有経済）は着実に成長を続けるだろう。レンタカーはカーシェアリング（以下、カーシェア）、タクシーはライドシェアリング（以下、ライドシェア）に移行が進み、その一部はロボタクシーに置き換わり、モビリティサービスで移動する頻度が拡大している可能性が高い。

過疎地や郊外では、ラストワンマイル（最終目的地までの最後の数キロ）の移動を支えるロボシャトル（無人運転路線バス）のように無人で動くモビリティサービスが生まれ、事業として収益化が困難なものは公共交通機関となっている可能性が高い。複数の交通手段がシームレスにつながり、効率を追求できるマルチモーダル移動の普及も進むと考えられる。マルチモーダルのインフラを支えるサイバー空間でのソフトウェアやデータ分析の整備も着実に進むと考えられる。

未来学では技術的特異点（テクノロジカル・シンギュラリティ、以下、シンギュラリティ）という概念が沸騰している。人工知能（ＡＩ）が発達し人間の知性を超える時代とされるシンギュラリティでは、技術革新が指数関数的な速度で進み、無限大になる。想像できない社会変革が起こると言われる。

半導体やＡＩがシンギュラリティに接近するのであれば、保有するクルマで移動するニーズは大幅に縮小し、コモディティで著しく廉価な共有化されたモビリティに移動距離は支配されていくはずだ。クルマが社会インフラの一部となり、公共交通との境界線が失われる。そしてそれは「ソサエティ5・0」で提唱される超スマート社会が実現し、数多くの社会的な課題が抜本的に解決される時代を迎えることを意味する。そうなってくれば、伝統的な自動車産業の存在理由は失われていくだろう。世の中が良くなるのであれば、自動車産業は潔く消えていけばいいと思う。

「そうして、クルマは100年に一度の殻を打ち破り、モビリティで社会的課題を退治して、みんなは幸せに暮らしましたとさ。めでたしめでたし……」となれば、おとぎ話のエンディングである。残念ながらリアルな世界はおとぎ話ほど単純なハッピーエンドにはなりそうにない。

❖ MaaSとPOV

破壊的な変化がどこまで進むかについて見解は大きく割れている。話を冷静に聞けば、2つの違うユースケース(利用事例)を同じ視座に混同して議論していることが多い。単純化すれば、ドライバーが保有し自ら運転する自家用車の領域は、移行期でも構造的な変化は小さい。一方、共有された車両をサービスとして利用し移動するMaaS(マース)はすでに大構造改革期に入っているのである。CASEに関わる多くの議論が、別々のユースケースの変化のプロセスを曖昧にしてきたことが、モビリティの進化への誤解の原因にもなっているのではないか。こういった切り分けとプロセスの分析に本書では真摯に取り組みたい。まずは、ＭａａＳとＰＯＶ（Personally Owned Vehicle）の意味を理解したい。ＭａａＳとは、Mobility as a Service の略で、一般的に、「サービスとして利用されるモビリティ」を意味する。ＰＯＶとは個人で所有しているクルマを指し、「ピーオーブイ」と発音する。ＭａａＳとＰＯＶ、これは本書を通して繰り返し登場する重要な言葉なので、ここで理解し記憶に留めておきたい。

❖ＭａａＳとＣＡＳＥの整理

本書でのＭａａＳの定義、ＣＡＳＥとの関連性も整理したい。ＭａａＳは狭義・広義の2つの定義で議論されるため、混乱が生じている。狭義のＭａａＳとは、様々な交通モードを統合、一元管理し、最も効率的な移動サービスを1つのプラットフォームで提供するものだ。欧州で普及が進む MaaS Global 社が展開する「Whim」のようなスマートフォンを用いたサービスが代表例であり、ここでは、ヒトがA地点からB地点へ様々な交通モードを乗り換えながら効率的に移動できる。これは「マルチモーダルＭａａＳ」と呼ばれることもある。

広義のＭａａＳは、ヒト・モノも含めた全てのサービスを連携させて、モビリティがそれらをつなぐ世界であり、ヒトとモノ・サービスをモビリティでつないだ部分を指す。

図表1-3 ● CASEとMaaSの関連性の整理

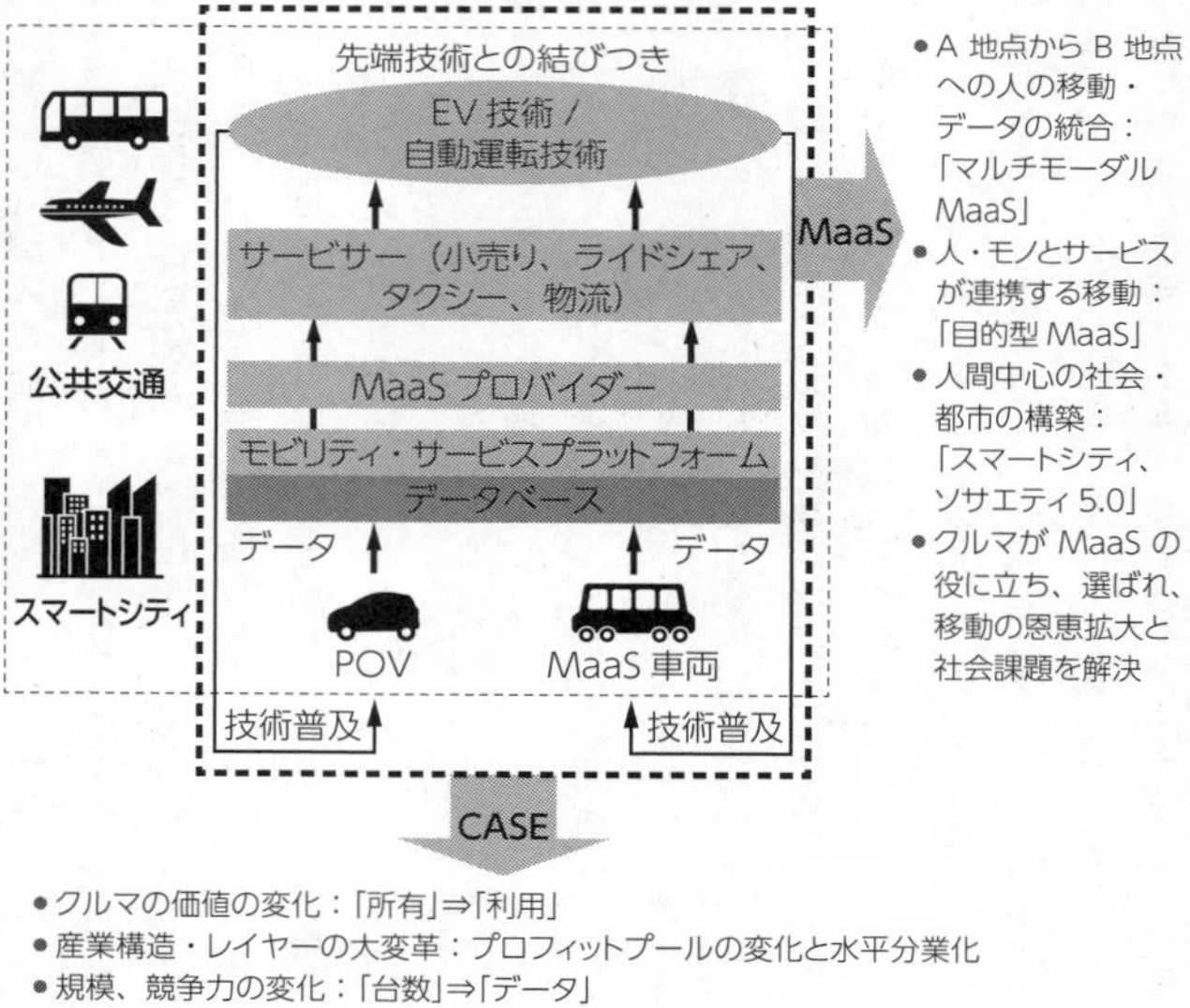
先端技術との結びつき
EV技術／
自動運転技術
サービサー（小売り、ライドシェア、タクシー、物流）
MaaSプロバイダー
モビリティ・サービスプラットフォーム
データベース
データ
データ
POV
MaaS車両
技術普及
技術普及
公共交通
スマートシティ
MaaS
CASE
● A 地点から B 地点への人の移動・データの統合：「マルチモーダル MaaS」
● 人・モノとサービスが連携する移動：「目的型 MaaS」
● 人間中心の社会・都市の構築：「スマートシティ、ソサエティ 5.0」
● クルマが MaaS の役に立ち、選ばれ、移動の恩恵拡大と社会課題を解決
● クルマの価値の変化：「所有」⇒「利用」
● 産業構造・レイヤーの大変革：プロフィットプールの変化と水平分業化
● 規模、競争力の変化：「台数」⇒「データ」

出所：ナカニシ自動車産業リサーチ

Ｂ地点からＡ地点へ、モノやサービスを移動させるモビリティもＭａａＳである。医療を受けるというような目的を持った移動をモビリティサービスに置き換えるという意味で、「目的型ＭａａＳ」とトヨタ自動車とアライアンスを組むソフトバンクは名付けている。

本書ではＭａａＳはより広義の概念で使う。したがって、人やモノの移動要件を満たすカーシェア、ライドシェアを含めた移動サービス、ＭａａＳ

プラットフォームを経由した様々なモビリティサービス、社会問題を解決できるモビリティソリューションを広く含む。

CASEとは、クルマを軸にして考えた第4次産業革命、車両のデジタル革命である。C、A、S、Eが及ぼす重要な意味を3つに整理した。第1に、車両価値は所有から利用・共有に変化し、共有の比率が上昇する。第2に、産業構造に変化が起こり、新たな支配レイヤーが登場し、プロフィットプールの場所が変わる。第3は、競争力の源泉が変わる。これまでの自動車産業は台数という規模が競争力の根本にあったが、CASEはデータという規模の戦いとなり、それは指数関数的に拡大する。このデータを支配する、すなわちプラットフォーマーとなることが求められる。こういった構造変化を第3章で詳細に解説を加える。

MaaSは、CASEを取り込んだより広範な概念となる。社会交通から都市設計を網羅し、社会課題を解決していくものだ。人間が効率的に移動し、効率的に道路空間を再配分し、サービスをモビリティで提供し、生活の質、街の質を高めていくことを可能とする。

❖総移動距離のMaaS比率

自動車産業のビジネスはクルマを所有することを前提に築き上げられてきた。いわゆるＰＯＶが全体の１００％近くを占めていた。これがＣＡＳＥ革命で将来の具体的な時点で、どこまで移動をライドシェア、将来のロボタクシーのようなＭａａＳに依存するようになるか、総移動距離に占めるＭａａＳの比率はどこまで上昇するのだろうか。

これを総移動距離のＭａａＳ比率とする。現在のＭａａＳ比率は世界の10兆マイル（約16兆キロメートル）の1～2％程度にすぎない。様々な計算があるが、強気に見れば２０３０年時点で19％、弱気に見ても14％がＭａａＳに移行するのではないかと考えられる。

ＰＯＶの稼働率は４％程度にすぎず、96％は駐車されている。一方、ＭａａＳ車両であるロボタクシーの実働稼働率を40％と仮定すれば、１台のロボタクシーでの年間走行距離は一般的なＰＯＶの10倍に拡大できる。極端な言い方をすれば、１台のロボタクシーは10台のＰＯＶを代替できるのだ。ただ、こんな掛け算、割り算だけで現実の世界の変化を予想することはできない。

そもそも、ＰＯＶとＭａａＳの移動は同質なものか。決められたスピードとルートだけの移動は完全なコモディティである。ヒトは自由にスピードを選び、寄り道をしながら出会いや体験を重ねる移動を求め続けるだろう。すなわち、ＭａａＳの比率を予測することは、移動のコモディティ化の深耕を探ることでもある。

図表1-4●総移動距離に占めるMaaS比率〜ブルケースとベアケース

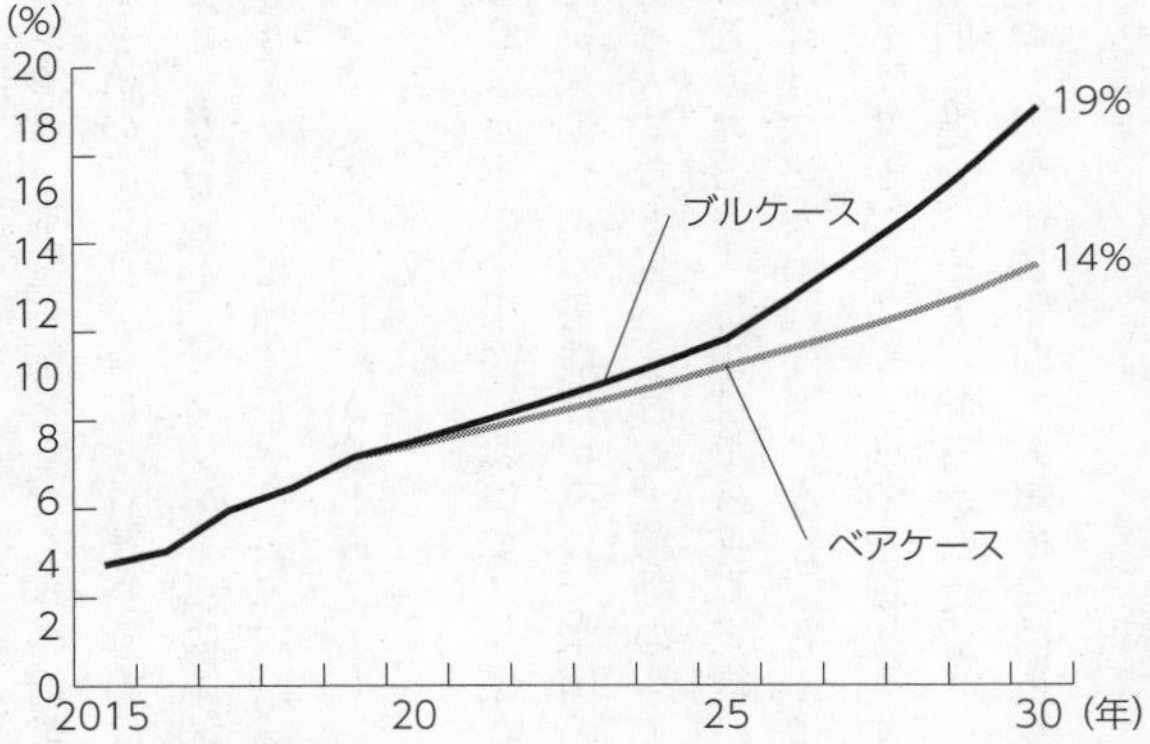

出所：ナカニシ自動車産業リサーチ

❖POVは段階的に、MaaSは劇的に構造変化を迎える

MaaSの拡大を否定する根拠は薄い。しかし、MaaSのクルマと個人が保有するPOVは単純に代替できる関係ではないということだ。POVとMaaSのユースケース（利用事例）は同じではないし、それぞれ違った車両性能が求められる。MaaSは少々コストが割高でも、様々な機能を持ち、高性能で壊れにくい車両が必要となる。一方、POVは経済性に優れ、長距離を安全にかつ高速で移動するニーズが求められる。

自動運転技術もMaaSとPOVでは技術のレベル感がまったく違う。慣性の法則、運動の法則、作用・反作用の法則というニュートンの運動3法則は物理学の基本中の基本だ。衝突した場合の衝撃は速さと重さに応じて大きくなる。時速50キロでコンクリート壁に衝突したときの衝撃はビルの5階から落ちた場合と同じである。速度が2倍の100キロになれば衝撃力は4倍である。想像するだけでもとても怖い。カーブには遠心力、タイヤと道路の間には摩擦力が働く。1トン以上の物体を時速100キロ以上に加速して、安全に操舵し停める制御とは、難度が非常に高いのである。ニュートンの法則が変わりでもしない限り、POVをロボタクシーに置き換えることはできないと考える。

2030年の未来図においては、保有を前提とした伝統的な自動車ビジネスは依然として拡大期にある可能性が高い。米国のほか、中国・インドなど新興国の保有意欲は今後も増大すると見込まれる。移動のユースケースは、都市、郊外、過疎地でまったく意義が違うだろう。都市部では保有意欲が減少することは間違いないが、郊外、過疎地での保有意欲が大幅に後退するとは考えにくい。

図表1−2に戻るが、所有を前提とするPOVの移行期における構造変化は穏やかに段階的に進む。一方、共有されたMaaSの構造変化は移行期初期段階からすでに始まっており、今後10年間で大規模な構造変化が訪れると整理すべきだろう。

❖ 2025年を境にクルマの構造には歴史的な変化

自動車産業がCASE革命に沿って根本的な変革の時代を迎えていることは否定しがたい。しかし、そのような変革は携帯電話がスマートフォンに置き換わるような瞬く間に起こるものではない。

古い構造を蓄積しながら、新しい構造に徐々に置き換わっていくのがCASE革命の特徴だ。変革のビジョンへの準備も大切だが、変化のプロセスを理解し、必要な対応力を備えていくことがCASE革命に対応する重要なソリューションとなっていく。自動車産業はものづくりとサービスの競争能力の向上という両面戦略が必要だ。

動力源でも、エンジンとバッテリーの両方を持った二刀流の戦いが長く続く公算だ。環境・安全規制、ユースケース、動力源も違うクルマが世界で様々な形で複合的に存在する。こういった複雑な移行期が非常に長期にわたるのがCASE革命の特性であり、そこに自動車産業の活路が見える。複雑なものを整理してものづくりを極めることは自動車産業のまさに真骨頂ではないか。

ただし、2025年を境にクルマの構造には歴史的な変化が予見されている。第1に、膨大なハードウェアの拡大を、ドメインを超えて制御する新しい設計概念（以下、アーキテクチャ）が生まれる。第2に、ハードウェアとソフトウェアの切り離しが進むことが予想されること。第3に、付加価値がソフトウェアに移行し、ソフトとソフトを連携する統合制御が競争力のカギを握ることだ。

第8章で詳細に解説を加えるが、こういった変化のグランドデザインを実施し、動力源の電動化を包括的に「ものづくり」に取り込んでいかなければならない。一連の変化を整理し、設計図に落とし込み、量産技術を確立できる能力は、現段階では自動車産業とメガ・サプライヤーの一角にしか存在しないだろう。しかし、テスラはそれを伝統的な自動車産業よりも早く実現しているところが驚きなのである。

GAFAはクルマのものづくりにはまったく関心がないだろう。そもそもクルマをつくれないし、製品品質問題には関わりたくないはずだ。自動車産業はIT企業と連携することで、競争領域を作り上げることが可能だ。しかし、テスラがIT企業と連携するとなれば、IoT化、知能化、電動化という3つの隕石が衝突し巨大な隕石孔を広げるように、クルマの価値が破壊されるような爆発力がある。

第2章

破壊者

Connected Autonomous Shared & Service Electric

1●ＩＴ業界のインカー侵攻戦略

❖ソフトウェアでドライバーを作り出す

自動運転の時代が近く訪れる――。そんな未来の可能性を意識するきっかけとなったのが、米国防総省の国防高等研究計画局（ＤＡＲＰＡ、ダーパ）が主催した２００５年のグランド・チャレンジ、２００７年のアーバン・チャレンジだろう。

この大会は軍事目的で自動運転技術の発展を目指したもので、グランド・チャレンジでは、その後グーグルXを設立するセバスチアン・スランが率いるスタンフォード大学が優勝した。アーバン・チャレンジでは11チームのうち6チームが完走、カーネギーメロン大学のチームが優勝し大きな注目を集めた。グーグル（現アルファベット）のＣＥＯであるラリー・ペイジも決勝に駆け付け、莫大なビジネスチャンスの始まりに興奮を隠せなかった。

アーバン・チャレンジに関わった技術者が現在の多くの自動運転に関わるベンチャーを設立している。ここで多額の資金を技術者へ投入しビジネスへと孵《ふ》化させたのがグーグルだ。グーグルはカーネギーメロン大学やスタンフォード大学の技術者を集め、自動運転技術の研究開発を実施してきた。センシングしたデータとソフトウェアでドライバーを作り出せるということを世に示したのである。

実験的なプロジェクトに取り組むグーグルXで2009年に自動運転プロジェクトが始動した。自動車メーカーが作り上げてきたインカー（クルマの中）の攻略にIT業界が本格的に乗り出してきたのである。2015年にはカリフォルニア州で、ブレーキもハンドルもない可愛らしい2人乗りのプロトタイプの「ファイヤフライ」がデビュー。サンフランシスコ郊外のマウンテンビューの公道では、この無人走行する「ファイヤフライ」を目にすることは珍しくない光景となった。

❖ウェイモで社会実装へ

グーグルXでの自動運転プロジェクトは一定の成果をあげ、2016年にグーグルの持ち株会社であるアルファベットに直結する形でウェイモ（Waymo）としてスピンオフした。現代自動車の米国法人のトップを務めたジョン・クラフチックをCEOに迎え、自動運転プロジェクトは事業化の段階に入ったのである。

初期段階でウェイモが確立するビジネスモデルは、米国で急速に拡大しているTNC（Transportation Network Company、交通ネットワーク企業）と呼ばれるウーバー（Uber）やリフト（Lyft）が提供しているような営利目的のライドシェア、いわゆる配車サービス事業である。ただし、ドライバーはシステムだ。本書ではこれをロボタクシー事業と呼ぶ。

クラフチックは就任直後にライドシェア会社との提携関係を見直し、対立していたウーバーと決別し、ライバルのリフトへ乗り換え10億ドルの出資も実施した。リフトからライドシェア事業のノウハウを学び、将来的にウェイモの自動運転システムを供給し、一定の事業規模を確立する狙いがある。

車両調達では、フィアット・クライスラー・オートモービルズ（FCA）と事業提携を発表し、テスト車としてハイブリッド・ミニバン「パシフィカ」にウェイモの自動運転システムを実装し、カリフォルニア州、アリゾナ州での実験を繰り返してきた。ウェイモは2018年10月までに、全米25都市で1000万マイル（約1600万キロ）を自動運転で走行した。シミュレーションを含めれば、50億マイル（80億キロ）に達する。ウェイモはカリフォルニア州アトウォーターに「キャッスル（城）」と呼ぶ91エーカー（約37万平方メートル）の敷地に自動運転テストコースを建設し、様々な走行データを収集している。

ウェイモは2018年12月にロボタクシー事業をアリゾナ州フェニックスで公約通りに開始した。ただし現段階では非常に限定的なサービスに留めている。米国運輸省道路交通安全局（NHTSA）が定める自動化レベルの定義は5段階あり、この車両はレベル4（制限付き完全自動運転車）である。自動化レベルに関しては第5章で詳細な説明を加える。まずは6・2万台の「パシフィカ」ロボタクシーのFCAへの発注が決定している。さらに、インドのタタ傘下のジャガーとも戦略的な提携関係を拡大し、EVの「アイペース」ベースのロボタクシーを2020年までに2万台供給させる。現段階では合計8万台強のロボタクシー調達が決まっている。

自動化レベル4のロボタクシー事業の営業を限定的とはいえ米国内で開始できているのはウェイモのみだ。GMの自動運転部門であるGMクルーズは2019年開始予定を延期し、2020年7月時点でも正式な決定がない。ウーバーも当初は同時期にロボタクシー事業を開始する計画だったが、2018年3月に試験走行中の自動運転車が一般人の死亡事故を起こし、事業立ち上げのスケジュールは空転している。自主開発体制から提携戦略も含めた再検討が必要となると考えられていたが、ウーバーは2018年8月にトヨタ自動車との提携が決まり、再始動へ向かっている。

❖グーグル／ウェイモの究極の狙い

ウェイモには4つの事業領域が定義されている。①ロボタクシー、②ロボトラック、③完全自動運転車の販売、④無人公共交通である。ロボタクシーは営業開始段階が視野に入っており、ロボトラックもウォルマートとの提携を社会実装することにそれほどの時間を要さないだろう。大型トラックのロボトラックも実証実験が続いている。事業は着実に拡大を遂げるだろう。

まずは第1章で触れたMaaS領域から始まり、モビリティサービスのオペレータ事業を確立し、その実績を裏付けに、提携先のリフトやFCAへのソフトウェアとハードウェアが一体化した自動運転キットの外販に進むだろう。最終的には自動運転OS（基本ソフト）のオープン・プラットフォーム化も視野にあるはずだ。

ただし、このロボタクシー事業の黒字化には人間が運転するライドシェアの1マイルあたりのコストを半分以下まで引き下げなければ実現しないと試算される。収益化の実現には稼働率の維持や整備費用の管理などの課題解決が不可欠だ。この事業性の分析を第6章で展開する。

ロボタクシー事業は、サービスプロバイダーそのものの事業収益も大切だが、クルマから集めるデータとAIを用いたプラットフォーム構築がより大きなゴールにあると見るべきだ。長期的に、ウェイモが収集するデータとグーグル本体が敷いたプラットフォームとのシナジーが重要な目的だろう。ロボタクシー事業で積み上げたビッグデータ解析は、新たなプラットフォームを築くことを可能とする。スマートフォン連携のAIエージェント、広告事業はもちろん、クルマのバリューチェーンの公開取引が可能な「マーケットプレイス」の確立や、まったく新しいB2C、C2C、P2Pビジネスを作り上げていくだろう。

図表2-1 ● クルマのインカーとアウトカー領域とGAFAの攻撃

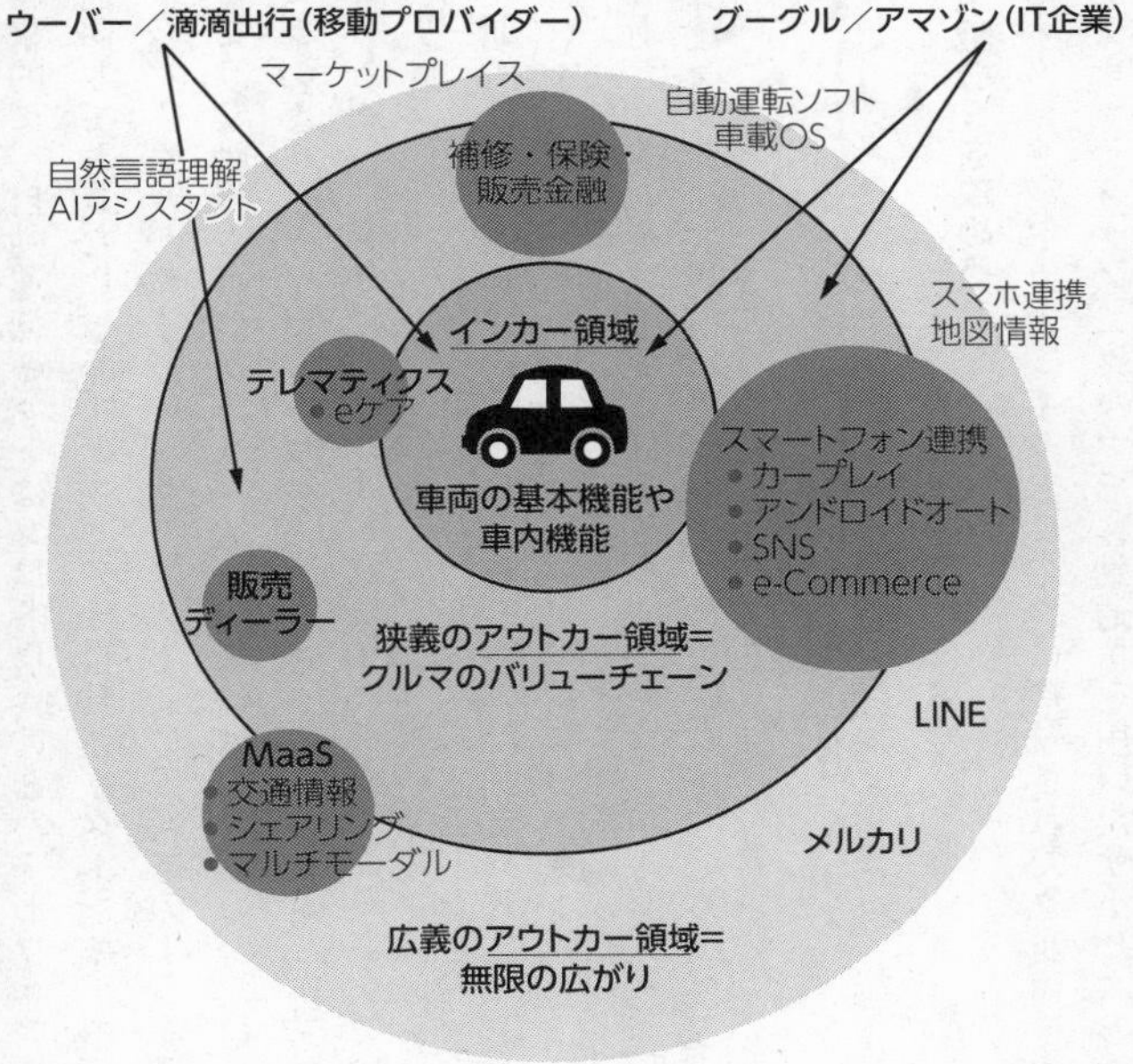

出所：ナカニシ自動車産業リサーチ

将来的に、自動運転キットはソフトウェアとハードウェアの切り離しが起こる可能性を認識しておきたい。ハードウェアは自動運転ターンキー納入業者が実装し、ソフトウェアはグーグルがオーバー・ザ・エアー（ＯＴＡ）のような通信を用いてアップロードするような世界も可能だろう。遠い未来には、そういったＯＳがアンドロイドスマートフォンのようにオープン・プラットフォームになる可能性もある。夢のような話だが、ＭａａＳ領域に限れば、それほど遠くない未来にこのようなビジネスモデルが実現できるだろう。

長期的に自動運転技術とそれを基に築いたプラットフォームを軸に、グーグルは都市交通やスマートシティ等の社会インフラ事業と密接に関連していくビジョンがある。衛星や住宅事業に始まり、公共交通、エネルギー、ドローンにいたる様々な事業の先には、社会インフラを大規模に再デザインしていく目的があるだろう。

2●ＩＴ業界のアウトカー侵攻戦略

❖車載ＯＳを攻めろ

コネクティッドカー（ネットワークに接続されたクルマ）や最近は死語になりつつあるがテレマティクス（クルマで移動通信を用いたサービスの総称）という概念は少なく

とも20年以上前から普及が始まっている。しかし、そのテレマティクスは正直に言って積極的に使いたいと思うほど便利なものではなかった。音声認識のレベルは低く、コンテンツは面白みに欠け、使い勝手もストレスを感じさせる。テレマティクスで何かをするよりは、何もせずにラジオでも聞いていたほうが運転のストレスははるかに軽減できる。

しかし、移動中に快適なコネクト環境を提供しているスマートフォンが車載マルチメディア端末と簡単に接続されるとすれば、クルマの中でのユーザー体験は大きく変わる。魅力的なサービスを手軽に享受でき、「閉空間」であるクルマが、開かれて外とつながった「開空間」に変わっていく。この結果、クルマのテレマティクス化が進み、クルマの価値を支配するスタートとなる可能性がある。

2つのゲームチェンジャーが自動車産業のアウトカー領域を襲っている。一つは、アップルのiOSとグーグルのアンドロイドをベースにした車載マルチメディア端末とスマートフォンの連携だ。もう一つは、クラウド上でAIを駆使し自然言語処理を可能としたエージェント機能をクルマに実装する動きである。スマートフォンが車載マルチメディア端末と簡単につながるようになったのは2015年頃からである。スマートフォンをケーブルで車内のコネクターに接続するだけで、車載ディスプレーにスマートフォンの画面が表示される。

アップルの「カープレイ」を搭載したダイムラー車のフロント（上）。下段は左からハンズフリーメッセージ画面、メディア画面、音声認識画面。提供：ダイムラー

その利便性と普段から使い慣れたスマホのアプリケーションが使えるため、欧米で一気に人気が拡大している。その代表が、アップルのiOSをベースにする「カープレイ（Car Play）」、グーグルのアンドロイドベースの「アンドロイドオート（Android Auto）」の2大勢力であり、2017年のコネクティッドカーの半分近くがスマートフォン連携である。

「カープレイ」「アンドロイドオート」ともに発足してから採用メーカーを拡大

してきた。抵抗勢力と見られたトヨタも2018年に米国一部車種で「カープレイ」の採用を開始した。このIT企業のスマホ連携によるコネクティッドの強みとは、この2つのプラットフォームでほとんどのクルマ向けアプリケーションが動くことだ。ユーザーの利便性は非常に高く、面白いサービスも生み出しやすい。何よりもすでにスマホのプラットフォームが確立しており、車載でもいち早くエコシステムを構築できることが強みだ。自動車メーカーは皆採用に動かざるを得なかったわけで、凄まじい勢いで普及している。

❖ AIエージェントは脅威のゲームチェンジャー

「カープレイ」「アンドロイドオート」の普及とともに、マルチメディア車載機器のインターフェースが変わり始めている。従来の音声認識は単語や文章のパターンマッチングにすぎず、会話の意味を理解しているわけではないので、利用者はいらいらすることが多かった。これがAIで大きく変わりつつある。アップルが音声認識アシスタントとして搭載している「シリ（Siri）」に始まり、グーグルの「グーグルアシスタント（Google Assistant）」、そして現在最も注目されているのがアマゾンの「アレクサ（Alexa）」である。

米国では「アレクサ」は非常に人気のある新車の標準装備となってきた。家庭で音声認識アシスタントを使い慣れれば、それを最も必要としているのは、米国人が1日1時間近くを過ごし、運転で手がふさがっているクルマの中であることは言うまでもない。ネットワークへのユーザーインターフェースはキーボードがタッチパネルの操作に置き換わり、次は音声入力となる公算だ。グーグルやアマゾンはこの技術を車載コネクティッド機器に導入し、ネットワークへのプラットフォーマーとしての地位を固めようと考えている。この自然言語理解は自動車産業の一部の関係者にとっては脅威のゲームチェンジャーとして認識されている。これまでナビゲーションやテレマティクスサービスの音声認識では実現できなかった、人とシステムをつなぐまったく新しい快適なヒューマン・マシン・インターフェース（HMI）となることを理解しているからだ。

グーグルとアマゾンにしてみれば、自動車メーカーが独自の車載OSを採用し、コネクティッドのゲートウェイを閉じていても、ユーザーがパーソナルアシスタント機能で「アレクサ」や「グーグルアシスタント」を選択し、クルマの車内空間でのインターフェースを押さえることができる。この結果、クルマのアッパーボディにある情報がIT企業に狙われやすくなるだろう。これは、パソコンのメーカーやOSにかかわりなく、ユーザーはクロームなどのブラウザーを通してサービスを利用するのとよく似た構図だ。自動車メーカーは、IT企業に車内空間のビジネスチャンスを提供することになる可能性がある。ただし、ここまでは互恵関係であり、自動車メーカーも「肉を切らせて……」で収まる。

自動車メーカーにとって最大の恐怖は、「アレクサ」や「グーグルアシスタント」がデファクト標準になってしまい、その結果、車載OSをIT企業が牛耳るシナリオだ。ユーザーが「これが欲しい」といえば、「ノー」とは言えない(メルセデスなら「ノー」と言えるかもしれないが)。そういう地位をグーグルとアマゾンが築いてしまえば、IT企業の自動車メーカーに対する条件も変わっていく可能性がある。クルマのOBD-Ⅱ(自己診断装置)には自動車メーカーが重要と位置付けている走行系センサー情報があるのだが、グーグルやアマゾンにゲートウェイをこじ開けられ、情報を奪われる展開も考えられる。

自動運転を含めた車体コントロールのアンダーボディ系とマルチメディアやエージェントのアッパーボディ系の制御は、それぞれのドメインを超えて統合制御されるのがこれからのクルマの標準となる。走行系センサー情報を手中にした破壊者は、自動車メーカーのバリューチェーンビジネスを奪い始めるかもしれない。その先には、自社開発の自動運転キットとの連携を目指してくるだろう。交通データや地図情報を含め、すべての情報は外から来るわけであり、マルチメディアだからと安心はできない。マルチメディアから車載OSの中枢部分を押さえられたときには、自動車メーカーは「骨まで断たれる」ことになりかねない。

3●タブーを恐れない自動車メーカー

❖100万台のEV生産を目指すテスラ

イーロン・マスクのような奇天烈なビジネスマンはそう多くは出現しないだろう。マスクのビジョンは人類の未来を守ることにあり、そのためには火星移住を可能とする宇宙船を商業ベースに乗せようとしている。テスラEV、家庭用蓄電池（パワーウォール）、太陽光発電（ソーラーシティ）の3事業を手掛け、ソーラーシティが発電し、パワーウォールで蓄電し、テスラEVに充電するエコシステムを作り上げている。

考えてみれば、ロケット、自動車、電力という、新規参入はまず不可能に思える巨大産業に挑戦をしている偉大なアントレプレナーではないか。オンライン金融サービス「ペイパル」の成功で財をなし、宇宙輸送ロケットを製造開発するスペース・エクスプロレーション・テクノロジーズ（スペースX）を起業していたが、2003年にEVのテスラ・モーターズへ出資し、2008年からテスラのCEOを務める。

電気の力を活用すればスーパースポーツカーの動力性能のかなりの機能は作り上げられる。そこに新しい高い価値を持ったブランドを生み出すことが可能であることをテスラは証明した。しかし、お金持ちに高級車ブランドを提供することがマスクの目的では

図表2-2●テスラのEV生産台数の見通し

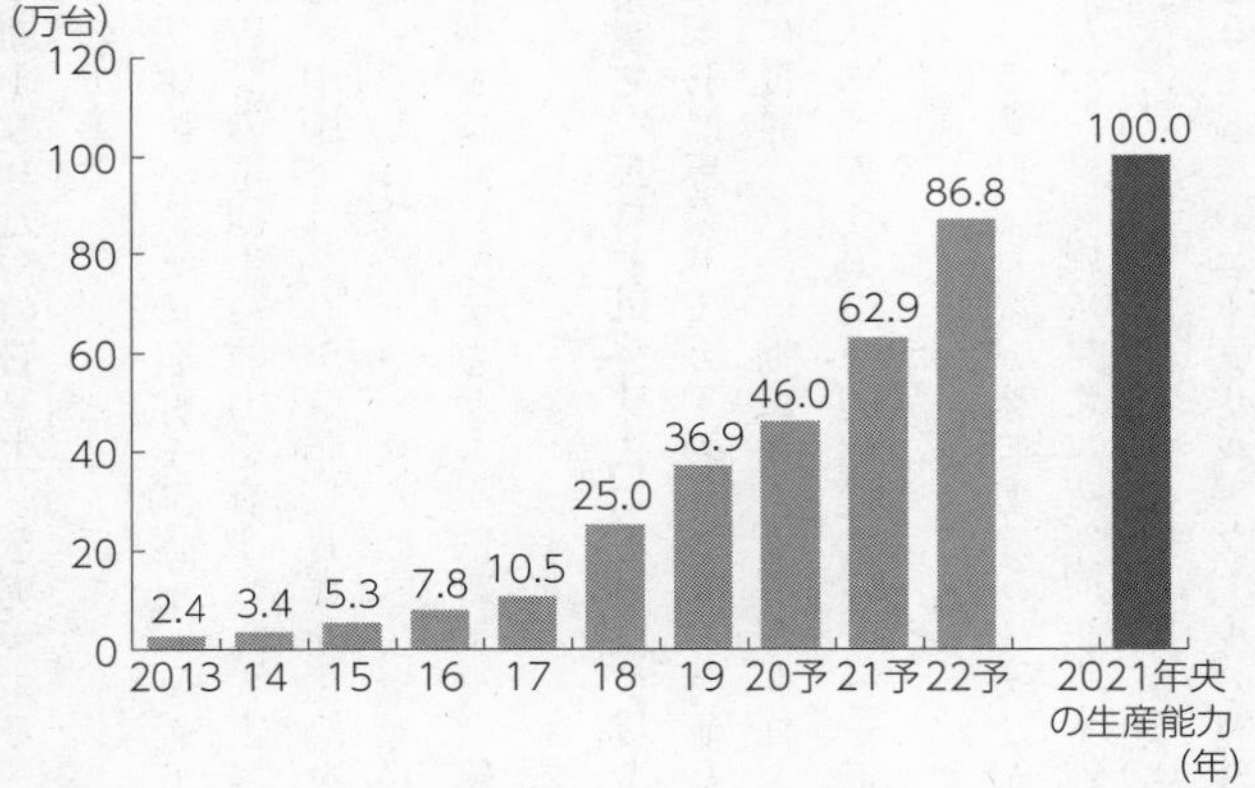

注：2021年100万台の生産能力確立は、2020年4月29日のテスラ電話会議でマスクCEOが言及
出所：会社資料、ナカニシ自動車産業リサーチ予想

ない。これは火星に到達するための手段の第一歩にすぎない。

「ペイパル」を売却したわずかな資金でできることはスケールメリットのない高級ブランドの世界に限定される。マスクは少量生産車（「テスラ・ロードスター」）をつくることを第１ステップとし、その売上げでより低価格な中量生産車（「モデルS」）を作り、その売上げでさらに低価格な大量生産車（「モデル３」）をつくることをロードマップとした。

このロードマップは10年も前から計画されていたもので、現在はステージで言えば仕上げの段階にきている。目標は２０２０年までに年間100万台のEV生産を実現するとしてきたが、これはあと2～3年で実現しそうなのである。

パナソニックとの合弁で50億ドル（約6000億円）を投じ、ネバダの砂漠の中に35ギガWhの電池生産能力を有する巨大工場、ギガファクトリー1を2017年に稼働させた。中国では2019年12月に新工場を立ち上げた。ドイツのベルリンでも新工場を建設中である。米・中・欧の世界3極でEV供給体制を整える。さらに、米国では生産体制増強に向けてテキサス州に新工場を建設することが決定した。

❖反骨で、反体制的なイーロン・マスクはトヨタを超えた

米国EV専業メーカーのテスラの時価総額（いわゆる企業価値）が2020年の7月1日に世界最大の自動車メーカーのトヨタ自動車を抜き去った。年間販売がわずか37万台のテスラが1000万台超のトヨタを時価総額で上回ったことに大きな関心が集まっている。

テスラの時価総額が米自動車メーカー最大手のGMを超えたのは2017年4月の出来事だった。順風に見えたが、同年年末の「モデル3」の量産立上げで大失敗を経験し、「生産地獄」に落ちたテスラはその後深く混迷する。

2018年のエイプリル・フールの翌日、テスラ株が急落に転じた。理由はマスクが

ツイッターに「残念ながらテスラは完全に破産してしまった」とモデル3にもたれ意識を失っている（あるいは死んでいるようにも見える）自分の写真とともに投稿したためだ。経営破綻を冗談にしたわけだが、モデル3の生産立ち上げで極端につまずき、資金繰りに追われているテスラと経営破綻をかけられても、笑うことなどできない悪質なブラック・ユーモアだ。

ツイッターを用いて好戦的なメッセージを発するマスクの行動にはその後歯止めがかからなくなった。事業が追い詰められるほど、マスクの行動は一段と反体制的で規律無視に拍車がかかる。アップルを追い出されたスティーブ・ジョブズ、ウーバー創業者のトラビス・カラニックが経営から追われたように、同じ轍を踏むのではないかと感じられた。

しかし、そこから怒涛の如く切り返したのだ。モデル3の生産量は2017年末に週5000台（年産25万台）の当初計画から遅れに遅れたが、2018年7月に目標を達成したのである。生産地獄から生還したマスクはやはり「超人」だと感じる。テスラという会社は非常に苦境に強い。

現在（2020年7月7日現在）のテスラの時価総額はトヨタのみならず、そこにホンダ、日産の国内大手3社の合計（27兆1036億円）をも上回る。クルマの販売台数規模で企業の競争力や価値を比較することがもはや意味を失い始めている。これは

図表2-3 ● 自働車メーカー、IT企業のPSRと売上高成長率の対比

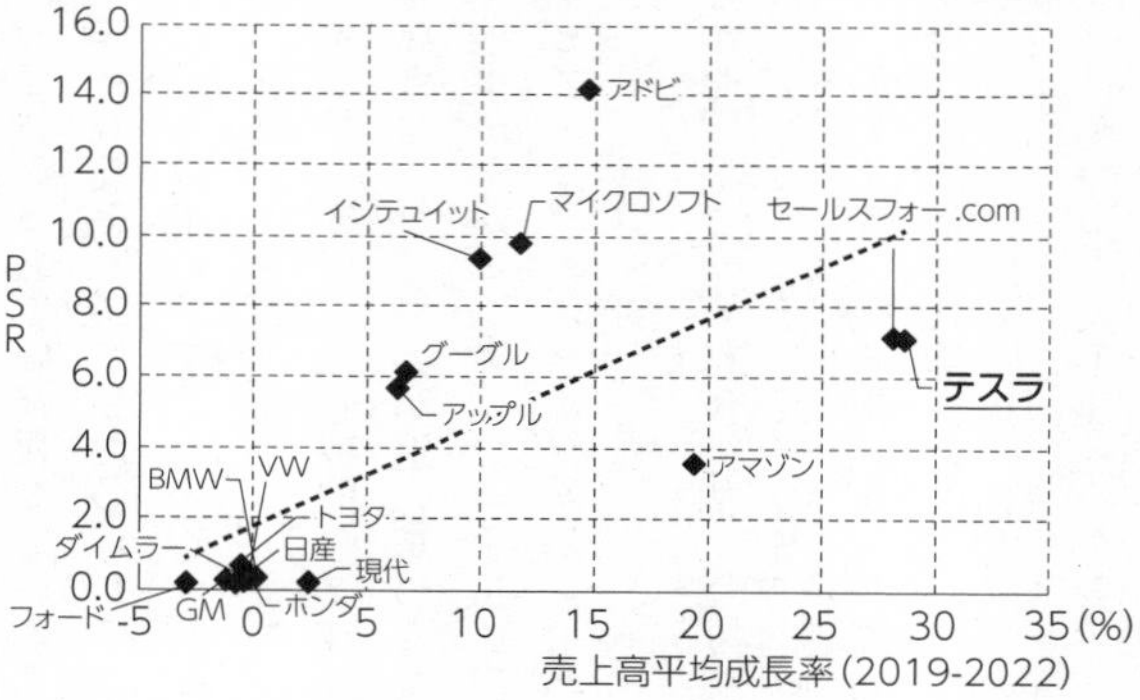

注：PSR＝時価総額÷2022年売上高
出所：ナカニシ自動車産業リサーチ

CASE革命を受けた自動車産業の100年に一度の大変革を目の当たりにした出来事だと言えるだろう。

ここではテスラを時価総額の観点から議論し、この逆転現象が暗示するCASE革命が引き起こすであろう自動車産業の構造変化の根本を理解したい。

教科書的に言えば、将来のキャッシュフローを資本コストで現在価値に割り引いたものが企業価値であり、負債価値を除いたものが株式価値＝時価総額となる。発行済み株式総数で除した1株あたりの価値がいわゆる株価である。

この株価の尺度としては、年間の利益に対して何倍まで評価されているかを計るPER（株価収益率）が最も一般的である。自動車会社は通常10倍前後であ

る。テスラの2020年のコンセンサス1株あたり利益予想は4・8ドルであり、PERは300倍を超える。

赤字が当然の成長過程初期のスタートアップ企業の評価は、年間の売上高に対して何倍まで評価されているかを計るPSR(株価売上高比率)がより実態に合っている。テスラのPSRは今期コンセンサスに対して約10倍、来期で7倍となる。PSRはIT企業やスタートアップ企業の評価によく用いられる。成熟している製造業のPSRは1倍前後が普通で、環境規制が厳しくCASEの構造変化からの収益悪化懸念が強い自動車産業では0・5倍を下回るのである。

❖CASEで規模は指数関数的な成長カーブへ

テスラがEV専業とはいえ、自動車を製造・販売していることは事業の本質であり、その意味で自動車メーカーであることは紛れもない事実だ。それにもかかわらず、何故テスラがIT企業と同じ評価を得られるのか。そこには3つの重要な要因があることを理解したい。

第1に、テスラはEVの台数成長力と収益拡大を両立できる唯一の自動車会社と言えることだ。CASE革命はガソリンエンジンなど内燃機関車から電気を動力源とするEVやプラグインハイブリッド車にシフトしていく。その比率が2030年に全体の

20％程度に達するとき、内燃機関車から巨大な規模と収益を確立している伝統的な自動車メーカーは、より収益性の低いEVに事業構造を転換していかなければならない。現在の巨大なガソリンエンジン車の規模とその利益は、一転、巨大なレガシーコストを生じるのである。テスラはEVで誰よりも先に事業を確立し、その収益性もライバルよりも高くなる。EVの台数成長がそのまま収益成長に取り込める。

第2に、テスラは、CASEを搭載した車両に必要な技術を垂直統合し、それを独自開発する能力を有している。車載電池、高性能半導体、高度なソフトウェア、統合されたシステムを組み込んだSoC（システム・オン・チップ）、そして電子装備の塊を統合制御し、機能させる電子プラットフォームをすべて自社開発している。伝統的自動車メーカーは、半導体メーカー、ソフトウェア会社、ボッシュやデンソーなどのティア1サプライヤーと共同開発していかなければならない。それぞれに自らの都合があり、駆け引きがあり、なによりも付加価値をめぐる争いが起こるのだ。言い換えれば、サプライヤーレガシーを抱えているとも言える。

最後に、CASE革命は車両の価値をハードウェアからソフトウェアにシフトさせる。テスラはソフトウェア成長を収益機会に取り込むことで先行するのだ。未来のクルマはハードではなく、ソフトウェアが付加価値の源泉となる。

テスラはハードウェアとソフトウェアの切り離しを実現し、ソフトウェアを収益機会に取り込むことで完全に先行している。ＣＡＳＥの車両は中央頭脳の車載コンピュータが搭載され、車両のハードウェアとソフトウェアの切り離しが実現する。テスラはモデル３以降、伝統的メーカーよりも6年以上先行してこの切り離しを実現している。この結果、「ＦＳＤ（フルセルフドライビング）」と呼ばれる自動運転ソフトをハードウェアとは別に、高額で販売することを可能としているのだ。

ＥＶを製造販売するだけのビジネスモデルでは、その成長カーブは50万台の次は１００万台、その後には２００万台と今の自動車メーカーと同じ直線的なものとなる。ところが、競争力を計る規模（スケール）がソフトウェアとデータに移行すれば、成長カーブは指数関数的なものとなる。ＣＡＳＥ革命を受けた自動車産業は、プラットフォームを築き、そこからデータを蓄積し指数関数的なスケールを生み出すＩＴ企業と同質な競争構造に転換するという未来図を、テスラの時価総額は暗示している。

❖タブーを恐れないテスラ

マスクが作ったビジネスのフレームワークは自動車産業に歴史的な衝撃を与えた。タブーを恐れないところがこの企業の怖さだ。テスラの刺激で業界全体が動き始めたことは事実なのだ。

ポルシェ、ＢＭＷ、ダイムラーなどが商品とＥＶ技術戦略を根本的に練り直すことを強いられた。タッチパネルでクルマ全体をコントロールするＨＭＩの採用も一気に広まった。セキュリティの点から時期尚早と考えられていたコネクティッドを用いたオーバー・ザ・エアー（ＯＴＡ）という無線通信を用いたソフトウェアのアップデート機能の運用に対し、どのメーカーも真剣に検討を始めることになったのもテスラが原因だ。

モデルＳ、モデル3ともにコネクティッドを前提としており、単純にスマホのようなクルマである。ＯＴＡを用いてユーザーインターフェース（ＵＩ）を更新していく手法は、電気機器メーカーが先行してきた領域である。

しかし、人命にかかわるクルマのＯＴＡは安全やデータセキュリティからもそのハードルが高い。そもそも、現在のクルマの高度な機能は、ハードウェアとソフトウェアを一体開発してシステムを組み合わせて作られてきた。つまりハードウェアとソフトウェアは紐づけされており、ＯＴＡでソフトウェアをアップデートするときにハードウェアに干渉する。電気機器から車がＯＴＡで後れを取ってきた理由がここにある。

慎重な取り組みを主張する伝統的な自動車会社に対して、テスラはあっさりとルビコン川を渡る。モデルＳではまだ進化過程であったが、モデル3で導入した第3世代の車載コンピュータ「ＨＷ３・０」は未来の電子プラットフォームを採用し、ハードとソフトの切り離しの完成度を高めたのである。自動運転に対応する「ＦＳＤ（フルセルフドライビング）」のソフトウェアを車両から切り離してオプション販売が可能になるのも、未来型の電子プラットフォームがソフトウェアとハードウェアを完全に切り離しているからこそ実現できる。

このFSDの価格は当初は5000ドルであったが、2019年5月と7月に1000ドルずつ値上げされ、2020年7月にさらに1000ドル値上げされた結果、現在では8000ドル（国内価格87万1000円）となった。このFSDの利益率は80％にも達すると推定される。同時に、テスラは導入初期のモデルYの車両価格を大人気にもかかわらず3000ドルも値下げした。

確信犯として、ハードウェアの価値の陳腐化を早め、オンリーワンのソフトウェアの価値を引き上げている。伝統的な自動車メーカーが本格的なOTAを実施できるのは2024−2025年頃になるということをテスラは非常によく理解しており、敵が来る前にソフトウェアで儲ける構造をいち早く構築しようとしているのである。

未来の電子プラットフォーム、ハードウェアとソフトウェアの切り離し、ハードウェアからソフトウェアへの付加価値のシフトは専門的な話ではある。第8章でわかりやすく解説を試み、CASE革命の核心に迫りたい。

❖テスラは第2のアップルか

ターミネーターの映画の中が似合うようなサイバートラックは2021年以降に生産

開始となる。このモデルは2019年11月から受注を開始しているが、1000ドルの予約金が必要であるにもかかわらず、すでに2020年2月18日時点で予約件数が約53万5000台に達したという。テスラファンはこの新製品にも熱狂しているといえよう。モデル3も発売前に50万台以上の受注を集めたことで評判を呼んだ。これほどの数の消費者を魅了し、予約金を支払ってでも手に入れたい魅惑的な消費財といえば、アップルのiPhoneだろう。類似した理想を追うカリスマ経営者が既存価値を変える魅惑的な商品を先導するという点で、両社は非常に共通した特徴を有する。全く新しいシステムで伝統的な社会の改革を実現し、いわば石油の世紀に終焉をもたらす企業となるかもしれない。そういった経営にミレニアル世代（団塊ジュニア世代の子供たち）は強く共感している。

ただし、アップルやアマゾンが実現している独占的なプラットフォームや指数関数的なスケーラビリティを現在のテスラが完全に築いたとは筆者は考えていない。同時に、EVを製造し販売するという意味では、テスラは直線的な成長カーブの罠を今後も乗り越えていかなければならないである。100万台の後には200万台の壁がある。生産地獄は見事に乗り越えたが、「品質地獄」「メンテナンス地獄」も避けては通れない。今後も紆余曲折はありそうで、伝統的な自動車産業は追い付けるチャンスが残されている。

❖規模の先を見据えたGM

「世界は100年で変わり、この100時間でも一変した」

リーマン・ブラザーズが破綻した翌日の2008年9月16日に、GMが創業100年の式典を華々しく開催していた。そこに参列したCEOのリチャード・ワゴナーは危機をこう言って表現した。その後自身はGMを追われ、米国を代表する名門企業は100年目に経営破綻の屈辱を味わうことになる。それから10年がたち、GMは過去最高の業績を誇り、株価も過去最高値を更新する大復活を遂げた。

破綻後の経営は毎年CEOが入れ替わる迷走が続いた。流れを変えたのが2014年にCEOに昇格したメアリー・バーラである。1961年生まれのバーラはデトロイトの北に位置する中産階級の町、ウォーターフォード・タウンシップで育った。そこに暮らす人たちにとって、GMに就職することは至って自然な職業選択なのである。バーラはゼネラル・モーターズ研究所（現、ケタリング大学）で学び、スタンピング工場で職業実習を受け、GMの資金によりスタンフォード大学でMBAを取得した、生粋のGMプロパーのカー・ギャルである。

バーラの評価を高めたのは、CEOに昇格したばかりの2014年のGMの品質問題で見られた議会証言、メディア対応、事態収拾能力だった。また、2017年にはヘッジファンドのグリーンライト・キャピタルとの戦いを勝ち抜いたことで、機関投資家からの評価は急上昇した。

ヘッジファンド業界で若くして成功したデービッド・アインホーンが率いるグリーンライト・キャピタルは、GMの株式3・6%を取得しバーラへ挑戦状をたたきつけた。業績好調ながら冴えないGMの企業価値の引き上げを目的に、強引な配当を求めるデュアル・クラス・ストック（2つの種類株）の採用、バーラの取締役会会長職とCEOの切り離し、3人の役員派遣を提案してきたのだ。長い協議は物別れとなり、株主総会での株主投票にもつれ込んだが、バーラはグリーンライト・キャピタルの提案を否決に追い込んだ。この戦いに敗れたグリーンライト・キャピタルはツキを失ったのか、その後散々な運用成績となり、巨額の資金流出に見舞われている。一方、バーラは絶好調に向かう。

バーラの反論とは、短期的に株価を押し上げるのではなく、長期的アプローチで持続可能な成長を求めることだ。バーラはインド事業からの撤退、赤字脱却ができないドイツのオペルをプジョーに売却し、事実上、欧州事業からも撤退する不退転の決意を示した。同時に、シリコンバレー戦略を展開する。EV「ボルト」をベースとする自動運転実験車を公開した。破滅へ向かうと懸念された自動車産業の苦境を乗り越え、GMの成長が持続できる道筋を示したのだ。

❖シリコンバレーとものづくりの融合

2017年11月末、GMの「インベスターズ・デイ」（投資家向けの説明会）を目指して、世界中の投資家がサンフランシスコに集結した。同社の成長戦略の要である自動運転技術の説明会と、2年前に買収した自動運転開発会社クルーズ・オートメーションと手がけたEV「ボルト」をベースとするレベル4（高度自動運転）の自動運転実験車の試乗会を実施したのだ。バーラはこの車両を基に、2019年までに無人のライドシェア配車サービスを開始すると発表した。

人通りや交通量の多い道路環境での試乗会はまれだ。試乗した機関投資家の中には「スムーズじゃないね」などの批判的意見もあったが、評価は総じて良好であった。GMの自動運転技術と無人ライドシェア事業で先陣を切ろうとする経営方針への評価を高めた。

年が明けてすぐの2018年1月、米国標準化団体SAEが定めるレベル4に相当する量産バージョンの自動運転車「クルーズAV」を発表した。このクルマにはステアリングもブレーキペダルもないが、米国運輸省に対し公道走行許可を申請し、特別な認可を受けた。米国連邦自動車安全基準（FMVSS）で容認される年間2500台の限定的な規模から開始し、運用地域も制限され、「高精度地図データを整備済み」で走行試験を繰り返した「既知の地域」に走行を限定して、乗車地と目的地も限られた範囲から

GMの自動運転量産車「クルーズAV」（イメージ）。提供：GM

選ぶ形になる。走行速度は時速24マイル（約38キロ）の比較的低速で運用を始めるとした。

GMの評価はうなぎ上りとなった。自動運転システムの開発と無人ライドシェア事業を展開するシリコンバレーの「GMクルーズ」は将来の株式公開（IPO）を目標に企業価値の拡大を目指す。自動運転ハードウェアを実装した車両の開発・生産をGMが伝統的な自動車産業の中心地であるミシガン州をベースに進める。「GMクルーズ」のみならず、提携先のリフトも含めてGMのハードウェアを供給する役割を明確にし、自動車メーカーでなければできないものづくり領域での競争力で先行する考えである。

❖ソフトバンク・ビジョン・ファンド――資金ならいくらでもある

2018年5月、ソフトバンクグループが運営する10兆円ファンドの「ソフトバンク・ビジョン・ファンド（SVF）」がGMクルーズに2400億円出資し、19・6％の株式を保有する驚きのニュースが流れた。自動車産業に強い意志とともに破壊者としてアプローチを続けるのがソフトバンクグループ代表取締役会長の孫正義である。情報革命の担い手となることを経営戦略の中核に置き、300年成長し続ける会社となるべく自己変革を繰り返していくことを目指している。AIが人間を超える「シンギュラリティ（技術的特異点）」が人類史上最大のパラダイムシフトとなるとの信念とともに、自動車産業の大革命という大油田を発掘しようとしているのである。

歴史的な大挑戦とも言えるが、単独ではなく集団で戦うという「群戦略」が孫の基本戦略である。同じビジョンや志を有する会社や人材を資本関係と同志的結合で囲い込む。SVFはその戦略が具現化した10兆円の世界最大のプライベート・エクイティ・ファンドである。SVFはサウジアラビア等の政府系ファンド、アップル、クアルコム、鴻海精密工業などのテクノロジー企業の出資で構成され、連結会社としてソフトバンクグループの収益成長の中核を担う。

「ソフトバンクは、事故や渋滞をなくすという我々の目標に向けた力強いパートナーとなる」。有力なパートナーを獲得し、バーラはご満悦でコメントした。

このディールには2つのトランシェ（条件に応じた区分け）があり、トランシェ1はGMクルーズの事業投資、主に「クルーズAV」の車両が対象だ。SVFが9億ドル（約990億円）、GMが11億ドル（約1210億円）を投資する。トランシェ2はSVFの純投資として13・5億ドル（1485億円）を投資、両トランシェ合計で19・6％のGMクルーズの株式を保有する。トランシェ2は2019年に一定の事業化の進捗を確認したうえで投資される。

SVFは7％の配当利回りがあるGMクルーズ優先株を受け取る。7年以内にGMクルーズのIPOが実現できなければ優先株をGM普通株に一定の条件で転換できるスキームだ。年間2500台の「クルーズAV」車両投資が5億ドル（550億円）、オペレーションなどに1億ドル（110億円）を支出しても、年間6億ドル（660億円）。4年間の事業性資金はこれで賄うことが可能となるだろう。

孫の投資により、2つの発見があった。まずは、「クルーズAV」の企業価値が115億ドル（22・5億ドル÷19・6％）、おおよそ1兆2600億円にも跳ね上がっていることだ。2年前にGMが投資したのは5億8100万ドル（約639億円）にすぎない。その後、2000億円程度の事業化と開発投資を投入したが、それでも3000億円には及ばない。自動運転ビジネスの事業価値はバブル的に跳ね上がっている印象がある。

図表2-4 • GMクルーズの時価総額分析

	（単位：百万ドル）	（単位：億円）
GMクルーズの企業価値	11,480	12,628
トランシェ1：2019年起業に向けた車両投資	**900**	**990**
トランシェ2：純投資	1,350	1,485
ソフトバンク投資額合計	2,250	2,475
ソフトバンクの出資比率	19.6%	19.6%
GM出資比率	80.4%	80.4%
GMの保有価値	9,230	10,153
GMのクルーズ買収コスト（2016年5月）	581	639
過去3年間の累計投資金額	2,000	2,200
推定GM総投資額	2,581	2,839
GMのトランシェ1への追加投資額	**1,100**	**1,210**
GM総投資額	3,681	4,049

出所：各種資料よりナカニシ自動車産業リサーチが集計

第2に、「クルーズAV」の車両コストの高さだ。恐らく1台あたり2500万円程度からスタートする印象だ。自動運転ビジネスは、多大な資産を形成しなければならない資本集約的な事業であることを再認識させられる。魅力的な将来が控えていても、当面、膨大な資本力とリスク受容力がなければ継続できない。

ちなみにGMは2018年上半期からGMクルーズの業績を公表してきた。まだ事業化前であるが、2019年は10億ドル（1100億円）の営業赤字と、前年比で赤字幅が拡大している。

グーグルやアマゾンなどのIT企業のそれぞれで100兆円前後の巨額な時価総額に加え、10兆円のSVF、ソフトバンクグループの資金力、また大きな利潤を求める投資家の欲望が、自動車産業の破壊を支えている。ビジョンと野心を有する組織や高い才能が同志のように結合した「群戦略」は侮れないパワーを生み出しそうだ。

すでにソフトバンクグループによる自動車産業の破壊を目論む企業群への投資規模は驚きのスケールとなっている。孫の戦略は、決め打ちせずに手広く投資しておくことだ。うまくいけばどれか、あるいは、すべてが飛躍的な成功をもたらすだろう。なんといっても、「シンギュラリティ」が必ずくると孫は確信しているのであるから。

ホンダはソフトバンクの後を追うように2018年末にGMクルーズへ7億5000万ドル出資した。出資比率5・7％を握る戦略パートナーとなった。「自動運転を勉強させてもらうための少額出資」とホンダの八郷隆弘社長は言うが、今後12年で総額27億5000万ドルの開発資金を投入することで同意している。ホンダは出遅れている自動運転技術を受け取り、GMは多額の自動運転技術の開発資金を確保するだけでなく、ホンダが強いアジアへの地理的な補完関係も得られる。

4●中国・国家資本主義の野望

❖AIを制するものが世界を制する

本書の後半で詳細な中国新エネルギー車（NEV）戦略の解説を加えるが、ここでは中国の「CASE」戦略がAIを中心に置いた国家資本主義的な一大プロジェクトとなり、世界的な競争力を確立しようとしている野望に触れたい。

2017年の「自動車産業の中長期発展計画」の中で、自動車産業政策が「CASE」戦略に重点を置くことを定めた。まずは、部分自動システムの装備比率を2020年に50％、コネクトシステムの装備比率を10％、2025年までに完全自動運転を市場に投入することを目指す。

多くの都市で自動運転化を前提に置くスマートシティ・プロジェクトや大掛かりなシェアリングエコノミーが官民一体で立ち上げられている。2017年11月には、科学技術部が「国家新一代人工智能開放創新平台」プロジェクトを設定、「自動運転」「城市大脳（都市計画）」「医療映像」「智能語音（音声認識）」の4つのAIに関連する国家プロジェクトを立ち上げた。

「自動運転」の委託先は巨大な自動運転プロジェクト「アポロ計画」を進めるインター

ネット大手のバイドゥ（百度）だ。「城市大脳（都市計画）」はアリババ（阿里巴巴）のクラウド子会社の「阿里雲」、「医療映像」はソーシャル・ネットワーキング・サービスのテンセント（騰訊）、「智能語音（音声認識）」はIT企業のアイフライテック（科大訊飛）へそれぞれ委託された。BATと呼ばれる大手が集結し、国家が深く関与しながら、AIで世界的な競争力を確立しようとしている。

❖「アポロ計画」に始まり、EVベンチャーも続々

自動運転では、2017年7月にバイドゥが立ち上げた「アポロ計画」は事実上の国家プロジェクトとなっている。「アポロ計画」は自動運転開発に関わる異業種が連携するオープンソース型の開発プラットフォームだ。2020年12月までに完全自動運転の実現を目指す。

「アポロ計画」には、中国自動車メーカーでは大手国営会社のほとんどの会社が参画、自動車部品はドイツ3大メーカーのボッシュ、コンチネンタル、ZF、半導体は米国のエヌビディア、インテル、グローバル自動車メーカーはダイムラー、BMW、フォードが参画する。日本からはホンダ、日産自動車に加えて、パイオニア、半導体のルネサスも加わる。

BAT、国営自動車メーカー、ベンチャーキャピタルが手を結び、EVベンチャーの

育成も進められている。上海蔚来汽車（ＮＩＯ）は上海汽車集団とバイドゥの資本を受けた高級ＥＶベンチャーであり、中国ベンチャーとして初めてニューヨーク証券取引所に上場を果たした。２０１８年６月にわずかに１００台を出荷したばかりだ。２０２０年までに10万台の出荷を目指している。

中国から世界的なＥＶの成功会社を生み出すということが、ひいては中国の産業政策とＮＥＶ政策を成功させる重要な触媒《カタリスト》となる。そういった使命をもってＮＩＯプロジェクトは動いている。さらに、これらのＥＶベンチャーは自動運転の公道実験でも優先的な認可を受けられる。公道実験は国内自動車メーカーが優先され、ＮＩＯは走行実験を重ねている。

第 3 章

クルマの価値とモビリティ構造の変化

Connected　Autonomous　Shared & Service　Electric

1●2030年までの「CASE革命」のシナリオ

❖2030年のCASE革命

第4章以降で詳細な議論に入る前に、CASE革命によるクルマの変革を俯瞰してみよう。いずれも時間軸は2030年時点での予測であり、分析対象地域は日・米・欧・中の主要4地域の新車市場とした。まずは、コネクティッド市場は、100%の車両がネットワークとの接続性を持ったコネクティッドカーとなると予想する。自動運転では、最低2%、最大4%が、システムが運転の主導権を持つレベル4と5（自動化レベルの定義は第5章で解説）の完全自動運転車となっていると予測する。また、シェアリング&サービスでは、移動距離に占めるMaaSの構成比は最低14%、最大19%となると予想する。電動車両の比率は46~52%、EVは8~10%を予想する。プラグイン車とEVを合計すれば、全体の約20%の新車が電気を主動源として走行する車両となる。

2030年時点でネットワークに接続される車両数は10億台に迫ると試算され、大規模ネットワークを構築し始める。これは巨大なデジタル市場となり、大量の車両センサー情報や交通情報がビッグデータ化され、AIで分析され、自動運転、コネクティビティ、シェアリングなど、様々なモビリティサービスが生み出されていく見通しである。

第4章でコネクティッドカーの核心の議論に切り込むが、コネクティッドの大切な論点は、コネクティッドとテレマティクスというアウトカー領域へつながる意義の違いを理解することである。

コネクティッドカーは単なるサービスの多様化ではない。コネクティッドカーはクル

図表3-1 • 2030年の予想される「CASE」の進展

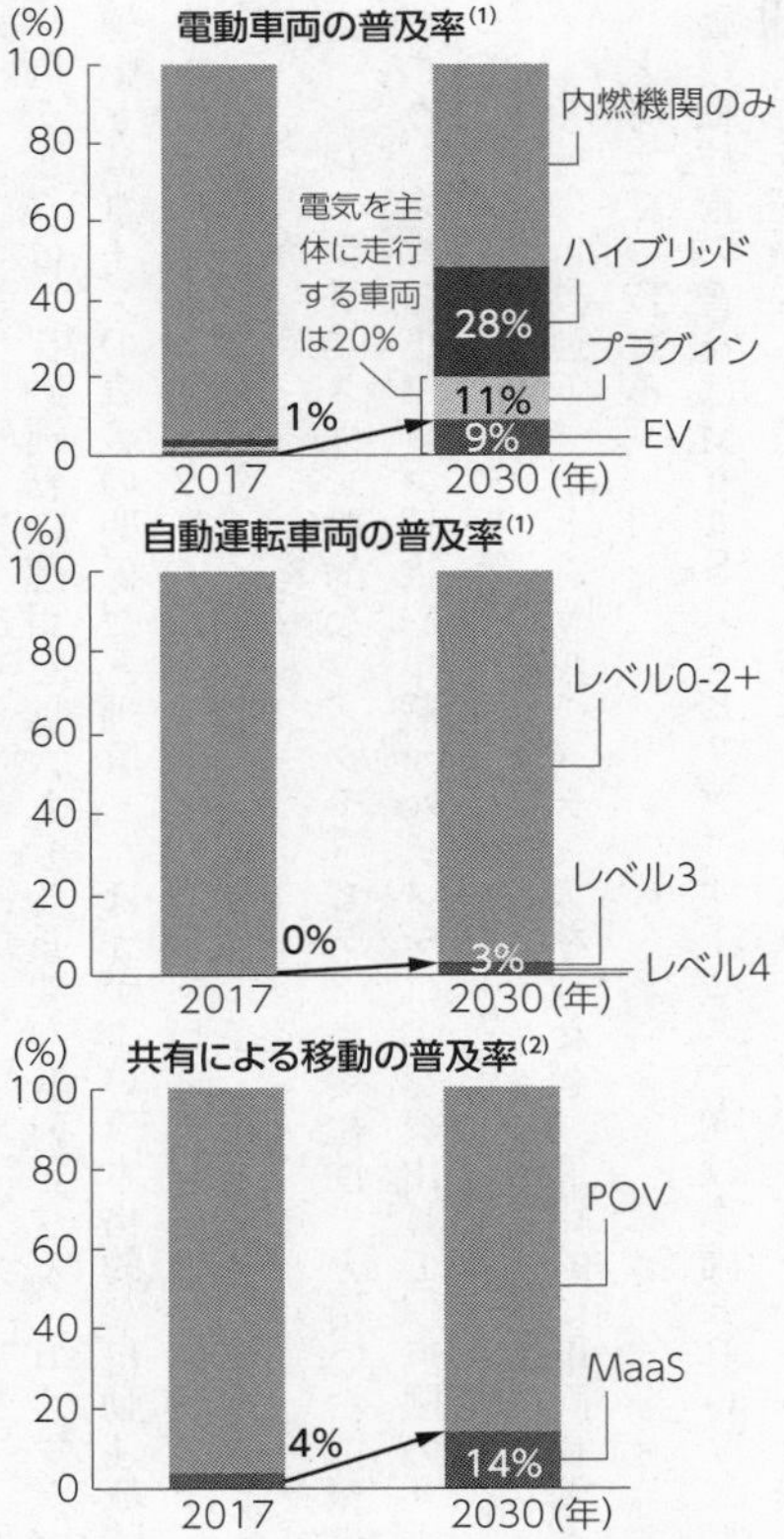

注：(1) 世界新車販売台数に占める比率、(2) 移動距離に占める比率。MaaSは人流と物流の両方を含む。
出所：ナカニシ自動車産業リサーチ

マの車両制御とアウトカーが一体となってつながることを意味する。そこから生み出される車両データは、自動運転の運用を拡大させる重要な基盤となる。コネクティッドと自動運転とはコインの表裏の関係だと理解したほうがよい。本格的な自動運転時代を迎えるためには、コネクティッドによるクルマとデータセンターとのつながりは不可欠となっていく。

一方、テレマティクスは一般的なコネクティビティ（接続性）を用いた情報や娯楽の拡大であり、スマートフォン連携や車載マルチメディアを経由して、無限のサービスに広がっていく。GAFAはマルチメディアからアウトカーとクルマとのつながりを深め、インカー領域の自動運転ソフトとマルチメディアをつなぎ、最終的に車両制御も取り込みたいと考えているだろう。

自動運転技術の普及はMaaS（モビリティサービス）向け車両とPOV（個人所有車）では普及率が大きく違うと考えられる。ロボタクシー、ロボシャトル（無人運転路線バス）など、MaaSの完全自動運転車が人々のモビリティの一部を担っていくことは非常に現実的である。

カーシェア、ライドシェア、ウーバーのような配車サービスなどの共有されたモビリティが自動運転技術と結合すれば、移動コストを大きく引き下げることが可能である。オンデマンドで呼び出せるロボタクシーのユースケースは飛躍的に拡大できるだろう。

さらに、情報がリアルタイムで効率的に管理され、複数の交通手段がシームレスにつながるマルチモーダル化が進むと考えられる。この結果、ＭａａＳは著しく成長するだろう。

しかし、ＰＯＶはフルのレベル３の自動運転がどの段階で確立できるかすらも定かではない。現段階では１％未満のＰＯＶがレベル３を確立していると予想する。２０３０年の時点では、ＰＯＶの完全自動運転の普及は限定的である可能性が高いと考えざるを得ない。

クルマの20％から30％が完全自動運転に置き換わるという強気な予測は、ＭａａＳのユースケースがＰＯＶの移動を簡単に置き換えるというロジックによって成り立っているようだ。これはＭａａＳとＰＯＶのユースケースを混乱している可能性があり、実現する可能性は低いと考えたほうがよいだろう。

コネクティッドカーがＩｏＴの情報端末となるのであれば、そのサービスの対象領域はある意味で無限大となってくる。シェアリング＆サービスは、自動車産業が製造業からモビリティサービス会社へ転身するホリスティック（全体的）な事業を網羅する概念である。ただし、クルマの中から家の電気をつけたり消したり、メルカリに古ぼけた鞄を出品することにさほど移動中の価値があるとは思われない。本書が関心のある領域とは、ＭａａＳとクルマのバリューチェーンに沿ったビジネスである。

伝統的なクルマの価値とは、いろいろと不便は感じながらも所有の喜びを得られ、どのような移動ニーズも満たせる万能的な移動手段であった。時には喜びや悲しみの感情を露わにできる、エモーショナルでプライベートな空間でもあった。「マイカー」や「愛車」という伝統的なクルマの価値が近い将来に存在しなくなることは想定しにくいだろう。

しかし、スマートフォンで最適な移動ソリューションを得られるのであれば、それを求める需要が飛躍的に拡大することは想像に難くない。CASE革命の中で人々の移動は再定義され、クルマの価値には新たな領域が生まれ、伝統的な価値が変容することは間違いなさそうだ。生産台数の規模が大きく変化しなくとも、付加価値の源泉はバリューチェーンの中で大きく変革する可能性が高い。クルマの製造・組立・販売という川中の事業が付加価値を減らし、素材や部品の川下、メンテナンスやサービスの川上へと付加価値が大きく移行する可能性が高い。このバリューチェーンの変化を考察してみよう。

2●保有から共有への変化と影響

❖MaaSの5つのビジネスモデル

まずは、このMaaSのビジネスモデルを理解しよう。序章で示したMaaSの拡大に伴う自動車産業の構造変化を思い出したい。伝統的な自動車産業のビジネスモデルとは、自動車メーカーが系列ディーラーを介して直接の顧客接点を持ち、その情報を生産、開発にフィードバックすることで巨大なピラミッドの頂点に君臨してきた。ここでは規模こそが大きな競争力の源泉であった。

これがＭａａＳによって変わるとき、クルマは保有から共有となり、利用者とサービサーの間にＭａａＳプラットフォーマーが生まれる。サービサーの収益性も含めたエコシステムの構築が必要になる。その中心にはモビリティサービス・プラットフォーム（ＭＳＰＦ）があり、データの収集力とＡＩでの解析力がＭａａＳでの競争力となっていく。

この概念を示したものが図表３－２だ。自動車メーカーは車両資産をアセット保有業者に売却する。その車両資産を用いてサービサーが様々なサービスをユーザーに提供するのがＭａａＳだ。この車両資産は巨額な資金を必要とし、現在の航空機リース業のようなリスク管理をする専門的な事業が生まれるはずだ。このＭａａＳ車両は高い稼働率で営業を継続できるよう、高度なメンテナンスを低コストで行う事業が大きな競争領域として生まれてくる可能性がある。ＭＳＰＦは、需給マッチング、価格提案、決済管理、顧客情報などを効率よく管理し、サービサーの事業をサポートして収益を生み出せる事業環境を整備するＩｏＴ基盤となる。

図表3-2 ● MaaSのビジネスモデルの概念

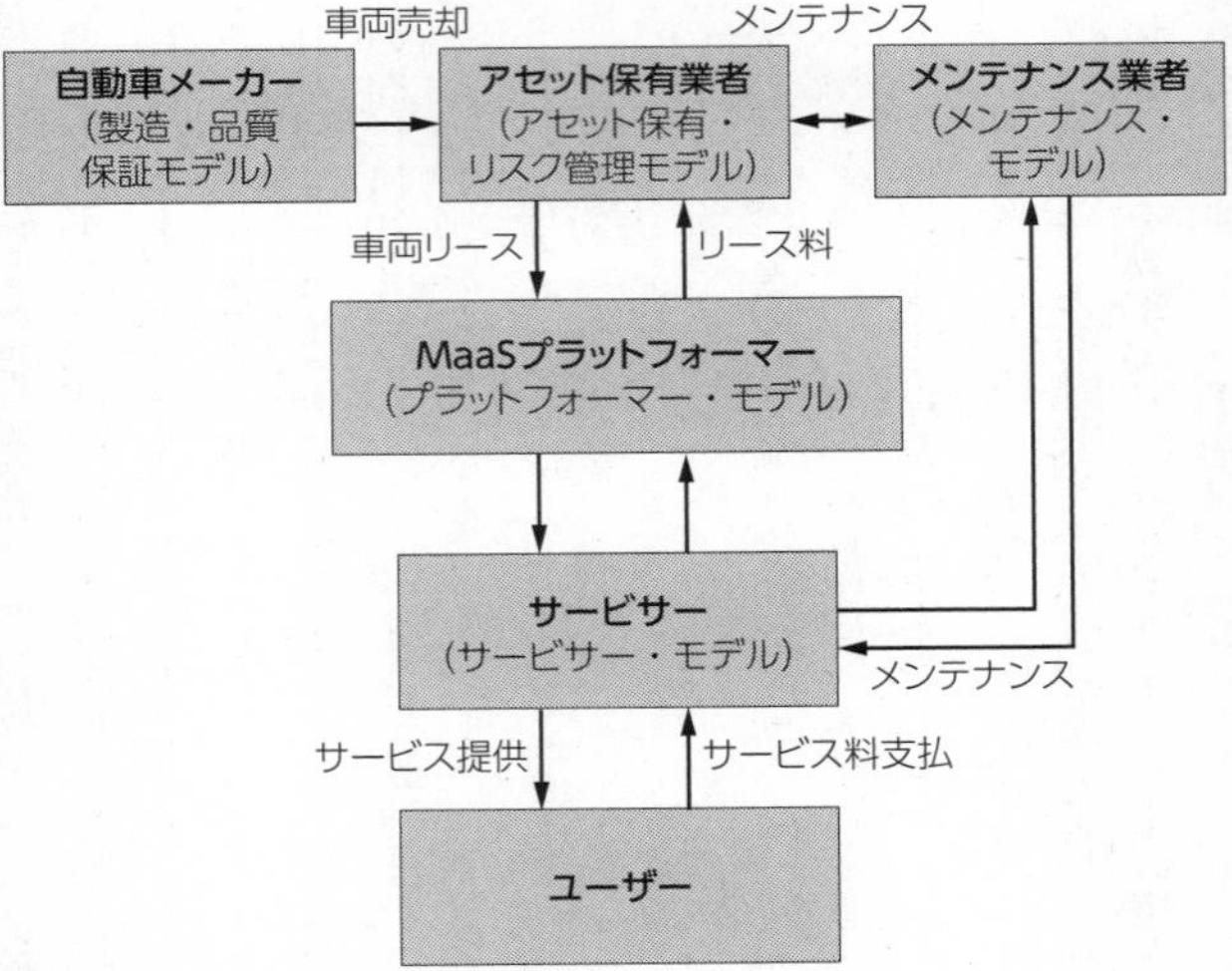

出所：ナカニシ自動車産業リサーチ

このような理解から、大きく5つのビジネスモデルが浮かび上がる。データセンターやAI分析を提供できるMSPFを運営する①プラットフォーマー・モデル、保守・メンテナンス、保険などを提供する②メンテナンス・モデル、車両に投資して資産とリスク管理を実行する③アセット保有・リスク管理モデル、様々なサービスをユーザーに提供する④サービサー・モデル、車両ハードウェアや自動運転キットを提供する⑤製造・品質保証モデルの5つである。

❖自動車メーカーの付加価値を守るモビリティ・プラットフォーム

自動車メーカーの立場では3つの必要な戦略軸がある。第1に、失われるリスクを抱えた伝統的な製造と販売の付加価値を守る、MaaS時代でも儲かるものづくりの確立である。次節で解説するが、新車販売台数は成長を続けても、新車の製造販売利益率は低下が予想される。第2に、MSPFを確立しMaaSの拡大を収益源とする仕組みを確立しなければならない。テレマティクス保険や修理などのバリューチェーンビジネス、広告ビジネス、無限に広がるコネクティッド・サービスへつなぐ口銭収入、蓄積したビッグデータ・アナリティクスに基づく新たなビジネスの創出が必要だ。第3には、自らがサービサーとして収益を生み出すという選択肢もある。

MSPFにグーグルやアップルなどのGAFAが介入してくれば、自動車メーカーは最終消費者との顧客接点を失う。顧客データがMaaSプラットフォーマーとなるIT企業に吸い上げられ、自動車メーカーが支配者から、IT企業が支配するエコシステムの従属者へと転落するリスクもある。

自動車メーカーはIT企業に遅れずに早期に自動運転技術を確立し、コネクティッド基盤を構築し、MSPFを中心に置いた新しいMaaSエコシステムを確立しようとしている。自身の付加価値を守る重要な戦略である。2016年のダイムラーとトヨタ自動車をはじめ、2017年にフォード、2018年にVWグループがコネクティッドと

MSPF戦略を公式に打ち出している理由である。

自動車メーカーがプラットフォーマーとしてポジションを確立できる道筋はあるだろう。自動車産業としての強みは車両の高品質と高度のメンテナンス、ディーラーを用いた高度なサービスの提供に加え、大規模なファイナンスを提供できる財務力である。自動車メーカーならではの、セキュリティを高めたデータセンターを構築することも可能だ。安全と品質は差別化を図る源泉となるだろう。

課題は、各自動車メーカーが個別にMSPFを確立するには規模が小さく、IT人材も不足していることだ。サービサーが手軽に利用できるインターフェースや仕組みを提供できるのか、どこまで競争力を確立できるのかは不透明だ。

コネクティッドの通信、クラウド基盤、データセンターのハードウェアに加え、MSPFのソフトウェア開発を実施するには巨大な開発投資、設備投資への資金力が必要だ。この投資規模に対応できる自動車メーカーは世界で5社程度に限られると考えられる。それ以外のメーカーは、プラットフォームを構築できる自動車メーカーと連携するか、IT企業のプラットフォームとの連携を取っていく必要に迫られるだろう。

❖イーパレットは車輪の付いたモビリティ・プラットフォーム

トヨタ自動車は2018年のCESにおいて、自動運転MaaS専用EVである「イーパレット（e-Palette）」を発表した。２０２０年から走行するサービス車両と無人MaaS事業のサービサーへプラットフォームを提供する。イーパレットは自動運転技術を活用した無人のMaaS専用車で、マツダが開発するロータリーエンジンをレンジエクステンダー（発電専用エンジン）として搭載するEVだ。

この自動車運転MaaS車両は、人の移動、物流、小売りなど、様々なサービスを提供できる多機能性を備えた車両設計とする。自動運転のライドシェア（ロボバス）、病院へ向かう自動運転シャトル、ランチの配送車など、時間帯に応じクルマの用途を使い分けられ、サービサーの用途に応じた設備を搭載することが可能としている。この仕組みの詳細は、トヨタ自動車のホームページに置かれた動画が大変参考になる（https://newsroom.toyota.co.jp/jp/corporate/20508200.html）。

モビリティサービス・パートナーとして、アマゾン、ピザハット、ウーバー、技術パートナーには滴滴出行（ディディチューシン）、マツダ、ウーバーらが名前を並べた。国内では、ヤマト運輸やセブン－イレブンと共同開発の協議に入っており、コンビニエンスストア、宅配領域で、新たなサービス形態を模索している。２０２０年代前半にサービス実証を目指している。

イーパレットは、車両制御のインターフェースを自動運転キット開発会社に開示する。自動運転キット開発会社はイーパレット向けの自動運転キット（自動運転制御ソフトウ

トヨタ自動車のMaaS専用車両「イーパレット」。ロボバスとしての利用（上）のほか、様々な利用形態が検討されている。提供：トヨタ自動車

図表3-3 • 自動運転MaaSの5つのビジネスモデル

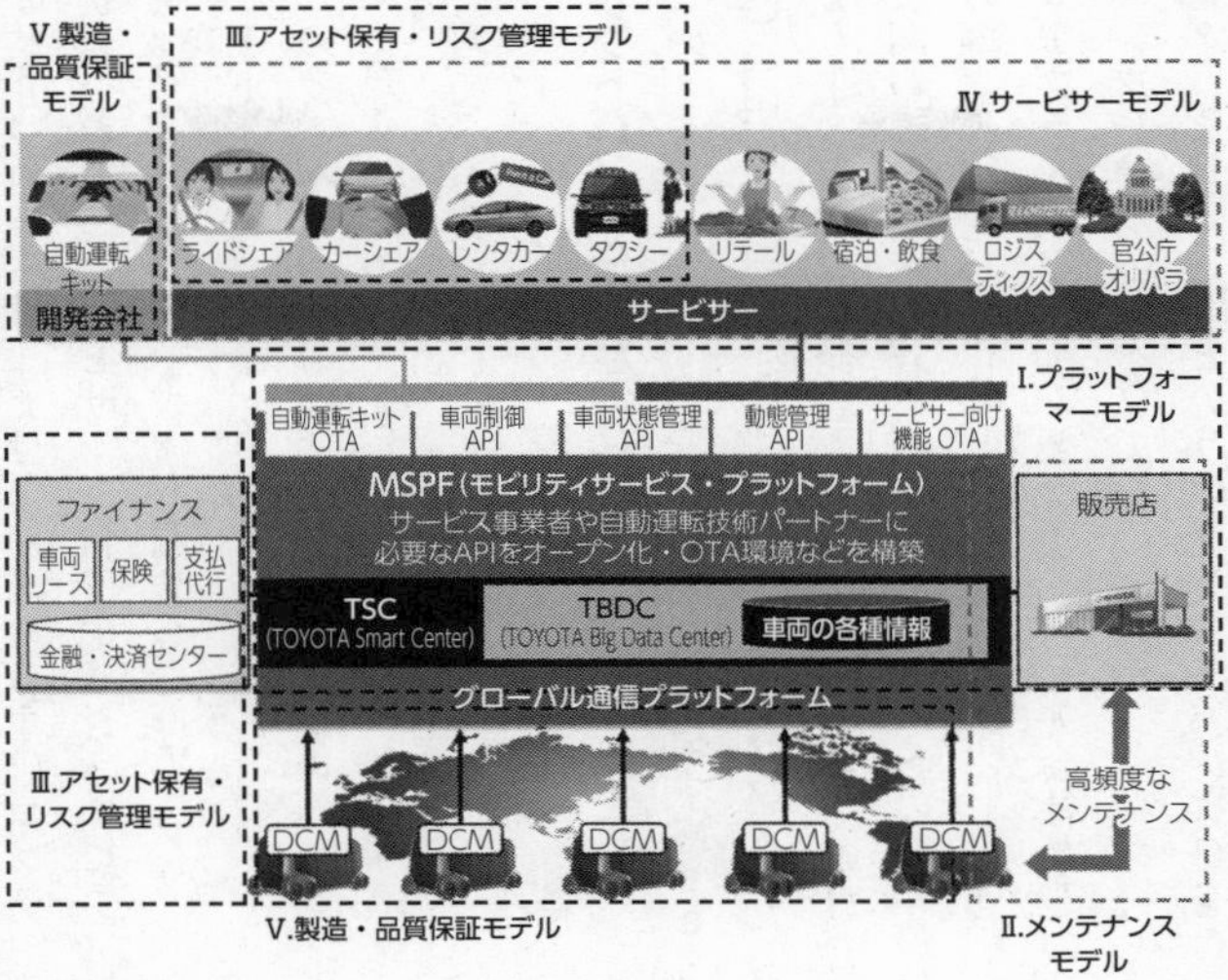

注：点線およびビジネスモデルは筆者が加筆。
出所：トヨタ自動車の資料にナカニシ自動車産業リサーチが加筆

エア＋センサー）を独自開発することも可能だ。ハードウェアはターンキー的に自動車メーカーから提供され、ソフトウェアは自動運転キット開発会社から個別にMSPFを通して提供される。

このイーパレットの事業構造をトヨタが示している。イーパレットに搭載されたデジタル通信モジュール（DCM）から車両情報がトヨタビッグデータセンター（TBDC）に蓄積される。その情報に基づき、リース、保険、メンテナンスが提供される。サービサーが求める車両コンディション、動態管理データがMSPFで提供される。サービサーは自分のビジネスにフィットする自動運転キットを選ぶことも可能だ。自動運転キット開発会社は、ソフトウェアのメンテナンス更新などをMSPF上で提供する。

このイーパレットの構造に先述のMaaSのビジネスモデルを重ねると、5つのビジネスモデルがきれいにはまるのである。イーパレットは車輪の付いたMSPFであることが理解されよう。

❖ソフトバンクと組む意外性

このイーパレットの普及拡大を目指すMaaSの新会社「モネ テクノロジーズ(MONET Technologies)」をトヨタとソフトバンクが設立するという驚きのニュースが2018年10月に発表された。提携を持ちかけたのはトヨタ側である。MaaSの推進に関わるトヨタの若手社員が、MaaSの需給最適化、企画、営業などを実施する第三の事業体が、サービサーとトヨタの間に必要だと訴えた。その実現のため、強力なIoTプラットフォームとライドシェア会社などのサービサーと関係を持っているソフトバンクに白羽の矢を立てたのだ。

「え？　まじか？」というのがソフトバンクCEOの孫正義がトヨタからこの提携話を

最初に聞いたときの反応であったという。孫がそこまで驚くほど、トヨタとソフトバンクは企業経営の思想もモビリティの考え方も相容れないとされてきた。不仲説を払拭するかのように、提携発表の記者会見に臨んだ孫正義と豊田章男は笑顔でお互いを誉めたたえ、持ち上げ続けた。

歴史的な提携の実現にも見えるが、徹底した破壊者側の論理に立ち、移動のコモディティ化を進めるソフトバンクに対し、「愛」のあるエモーショナルなクルマを残そうとするトヨタとでは考え方に大きな違いがある。同床異夢で終わるリスクは大きく、孫と豊田で世界を見据えて日本連合で戦うところまで戦略が一致することは容易ではない。

トヨタ自動車をCASE革命の群戦略の一部へ取り込んだソフトバンクは願ったり叶ったりの心境だろう。一方、敵陣に飛び込んででも、未来のモビリティ社会を現実に近づけ、自動車メーカーからモビリティカンパニーに変わろうとするトヨタの経営陣の覚悟を感じさせる提携劇であった。

3●産業ピラミッドを襲うバリューチェーンの変革

❖自動車産業のバリューチェーンの変化

ここでバリューチェーンについてあらためて説明しておくと、調達→生産→物流→販売という一連の企業活動の中で創造される価値の連鎖を意味する。それぞれの工程の中で付加価値が生まれる。バリューチェーンの川中の付加価値が減少し、川上と川下に移行することを、人間が笑った口元に似ていることからスマイルカーブと呼ぶ。ＣＡＳＥ革命は自動車産業のバリューチェーンに大きな変革をもたらす。

このバリューチェーンの付加価値変化に関して、ボストン・コンサルティング・グループ（ＢＣＧ）が２０１８年1月11日付の公表資料で未来の方向性を示している。自動車産業の付加価値は２０１７年の２２６０億ドルから２０３５年に３３６０億ドルへ１・５倍に成長が持続すると見ている。この分析によれば、伝統的事業は概ね横ばいで、成長のすべては電動化や自動化のコンポーネンツ、ＭａａＳ、コネクティッドなどの新興事業となり、年率27％もの高成長を遂げると見ている。

この自動車バリューチェーンの付加価値に訪れる変化を正確に見積もることは至難の業であるが、ＢＣＧが指摘するそれぞれのトレンドの方向性は非常に妥当性が高いと見ている。自動車産業が空洞化するのではなく、ＣＡＳＥ革命を通じ、産業は再び高い躍動感と成長力を有するモビリティ産業に進化できる未来図を映し出している。

ＣＡＳＥ革命が進むことによって、川中にある製造領域の付加価値が伸び悩み、川上、川下により高い付加価値が生まれるスマイルカーブ化が進む。持続するＰＯＶの需要に加え、新たに生まれるＭａａＳ車両の販売台数の増加が加わることで、新車販売台

図表3-4 ● BCGが予測する自動車産業の付加価値の変化

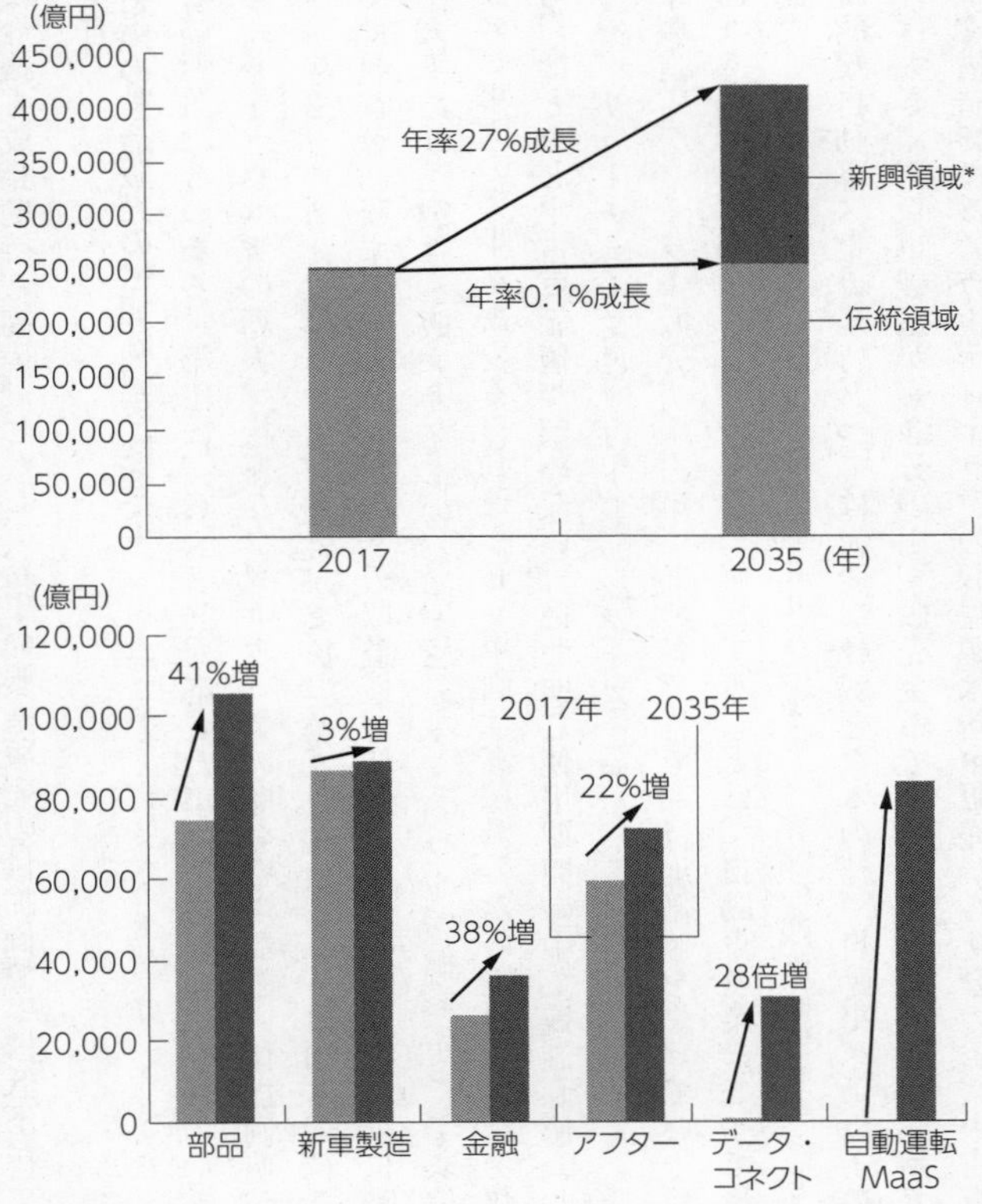

注：＊新興領域にはxEV、自動運転、コネクティッド、自動運転MaaSを含む。為替は1ドル＝110円で著者が円換算した。

出所：BCG、各種2次資料、ナカニシ自動車産業リサーチ（注2）

数は今後も成長期待が高い。しかし、新車の製造販売の付加価値率は低下が予想される。

❖新車の製造販売の付加価値率は低下

この背景は3つある。第1に、CASE対応した車両に必要なセンサーや電動化に対応したハードウェアの増大、複雑なソフトウェアの開発費用など、付加価値がティア1やティア2メーカーに移行する可能性が高い。第2に、MaaS車両は継続される事業の中で収益を回収するため、売り切りの収益性が低い。かつ、それを大量に購入するのは法人であり、製造・販売サイドのバーゲニング・パワーが減衰することだ。第3に、MaaS車両の大半を占める自動運転EV車両は高稼働のため電池性能が劣化することから、ほとんど中古車価値が望めない。いわゆる使用期間の中で残価価値（=中古車価格）をバリューチェーンにフィードバックすることができない。このような理由から、新車製造、ディーラー販売、中古車事業の各工程で、付加価値を失っていくだろう。

MaaS時代で儲かるものづくりを確立することは、自動車産業にとって最も重要な課題だと認識しなければならない。MaaSの中でクルマの残価価値を失うというのは、伝統的な自動車メーカーにとっては大変な脅威となるのだ。自動車メーカーの現在の収益性は大きく、新車製造から3分の1、販売金融で3分の1、純正補修部品で3分の1を稼ぐ構造である。カーディーラーの収益源は新車販売から4分の1、中古車で4分の

1、サービスで半分を稼ぐ構造である。MaaSの進展で残価価値をバリューチェーンにフィードバックできなくなれば、収益源である販売金融や中古車の事業利益を失いかねないのである。

EVは安定した中古車価格を望みづらい。充電回数や充電方法で電池性能の劣化には大きな差異が生まれる。MaaS用EVは、稼働率を高めるため急速充電が繰り返されることが宿命であり、新車時に数千万円しても、数年も経過すれば残価価値がほとんどないスクラップ状態に近づくだろう。

残価価値が残り、それをバリューチェーンにフィードバックすることで製造業としての収益を支える現在の自動車メーカーの収益構造はMaaSでは望めない。MaaS用EVのハードウェア商売は、電池コストの高さとゼロ残価の中で、非常に厳しい収益に陥りかねない。下手をすればハードウェアを配るだけの限界利益の商売になってしまう。

一方、バリューチェーンの川上には多大なポテンシャルがあるようだ。新車生産台数は増大、付加価値も高い新しい技術である、コネクティッド、自動運転、電動化に必要なハードウェアの部品点数が大幅に増大する見通しだ。車両1台あたりの平均単価は、POVに対しMaaS車両は何倍も高額となるだろう。川中にいる自動車メーカーとの水平分業化が進み、バーゲニングパワーも増大するかもしれない。

将来的にクルマのハードウェアとソフトウェアの分離が進むとき、ソフトウェアの開発の主導権をティア1が守るのか、自動車業界が奪い返すのか、自動車メーカー対ティア1の戦いの構図は非常に興味深いものがある。ハードウェアの領域では、付加価値を従来通りピラミッド上層にいるティア1が守るのか、電機業界のようなティア2が奪っていくのかも興味深い戦いとなっていくだろう。この川上のポテンシャルは第8章で詳しく分析を試みる。意外な結論が控えている。

4●カーディーラーは生き残れるか

❖変わるディーラーの役割

本書後半でサプライヤーも含めた製造領域でのCASE対応を詳しく解説するので、ここではCASE革命の中で大きな影響を受けると考えられるディーラービジネスを検討しよう。現在の保有を前提とした自動車産業において、ディーラーの役割は非常に重要だ。セールス・ポイントであることは基本だが、より重要な役割は顧客接点の場として、サービス・メンテナンス、中古車ビジネスなどの中で顧客満足度を高め、ブランドへのロイヤルティを生み出すサービス・ポイントとなってきたことだろう。

自動車メーカーの収益に占めるクルマの製造利益は、先述した通り全体の3分の1しかない。残りは補修部品と販売金融事業から生み出されてきた。それほど、バリューチエーンビジネスは収益基盤の根本にあり、ディーラーの顧客接点は極めて重要なのである。自動車事業で儲けたければ、まずは「ディーラーを儲けさせろ」が基本なのである。ダイムラーは、世界に点在する6000店のディーラー網をCASE時代の重要な資産だと位置付けている。しかし、ダイムラーはインターネット販売を強化する方向であり、中国・ドイツでは2025年までに25％近くの新車販売をオンラインで実施する計画を表明済みだ。それでも、サービスやメンテナンスを支え、リアルな顧客接点を提供するディーラーの重要度は変わらず、CASE時代でも競争力の源泉となると考えている。バーチャルで革新的な利便性をオンライン販売で追求しながら、バーチャルとリアルをシームレスにつなぐオンライン・ツー・オフライン（O2O）の役割を果すのがディーラーである。

自動車ビジネスのデジタル化を推進するのであれば、POVの販売領域にもデジタル化が進み、オンラインでの販売やサービス活動が侵入してくることは想像に難くない。最近のヒアリングに基づけば、米国のホンダでは、オンライン販売比率は10％以上へと上昇してきているようだ。

値引き率を調べたり商品比較をするため新車購入時にウェブサイトをチェックする顧客はほぼ100％に達している。在庫確認、試乗予約、価格交渉、ファイナンス交渉、最終的な契約書類サインまでのプロセスの一部をオンラインで実施する比率は15％程度、契約以外はすべてオンラインで実施している比率が大体7%程度ある。デリバリーポイントとしてのディーラーの位置付けは変わっていないが、購入プロセスの中でディーラーに足を運ぶのはクルマを受け取る1回のみとするユーザーが10人に1人いる。米国の一般的な消費者は、新車購入時にディーラーとの深い関係をあまり望まず、可能な限りディーラーで過ごす時間を減らしたいと考える。ところが、購入すると「俺、ここで買ったんですから、ちゃんとサービスをお願いしますよ」とばかり、修理やメンテナンスでは親密な関係をディーラーに求めてくる。

サービスポイントとしてのディーラーの役割は大きく、これはCASE革命でも基本的に変わることはないだろう。サービスでの顧客接点を守り続けることがディーラーの最重要な役割であり続ける。バリューチェーンビジネスをIT企業に提供されるマーケットプレイスのようなオープンな取引市場に持ち込まれ、サードパーティーからのサービスに奪われてしまうことが自動車産業にとって重大な懸念材料である。それは、ディーラーの役割に致命的な打撃を与えるリスクがあるだろう。したがって、コネクティッドやモビリティ・プラットフォーム戦略を進め、ディーラーを巻き込んだコネクティッド・サービスを展開していくことがPOVの新車販売で重要になっていくだろう。

❖ディーラービジネスの向かう方向性とは

現在の保有を前提とした商流では、販売店が顧客と自動車メーカーをつなぎ、小売販売がディーラーを経由して完結する。POVではオンライン販売が普及し、ディーラーの関与が減少する販売形態が主流へ向かう。車両データがビッグデータセンターに集積され、修理情報がデータ解析され、顧客に直接フィードバックされるコネクティッド・サービスが普及していくなら、顧客接点と情報のフィードバックを担うディーラーの役割に大きな変化が訪れる。

MaaSのビジネスでは、ディーラーの顧客接点が大きく変わる（図表3－5）。MaaSでは、2つの変化が起きるだろう。ディーラーの顧客は、サービサーなどの法人向け販売の比率が上昇する。ティア1のサプライヤーや破壊者が台頭し、自動車メーカーとの関係が横並びになるだけでなく、テスラの直販が例となるが、ディーラーを介さず直接顧客へ販売することも増えるだろう。

サービスポイントとしてディーラーが提供できる価値は大きく残るが、一般的なトレンドを考慮すれば、ディーラーの収益構造には大きな影響が避けられないだろう。金融、保険、修理・用品、中古車のクルマ販売のバリューチェーンでは、POV向けの付加価値の減少が予想される。コネクティッド・サービスと連携する領域では拡大が期待できるだろう。ファンを作り、リテンション、バリューチェーンを大切にするビジネスモデ

図表3-5 ● MaaSの拡大による販売チャネルの変化

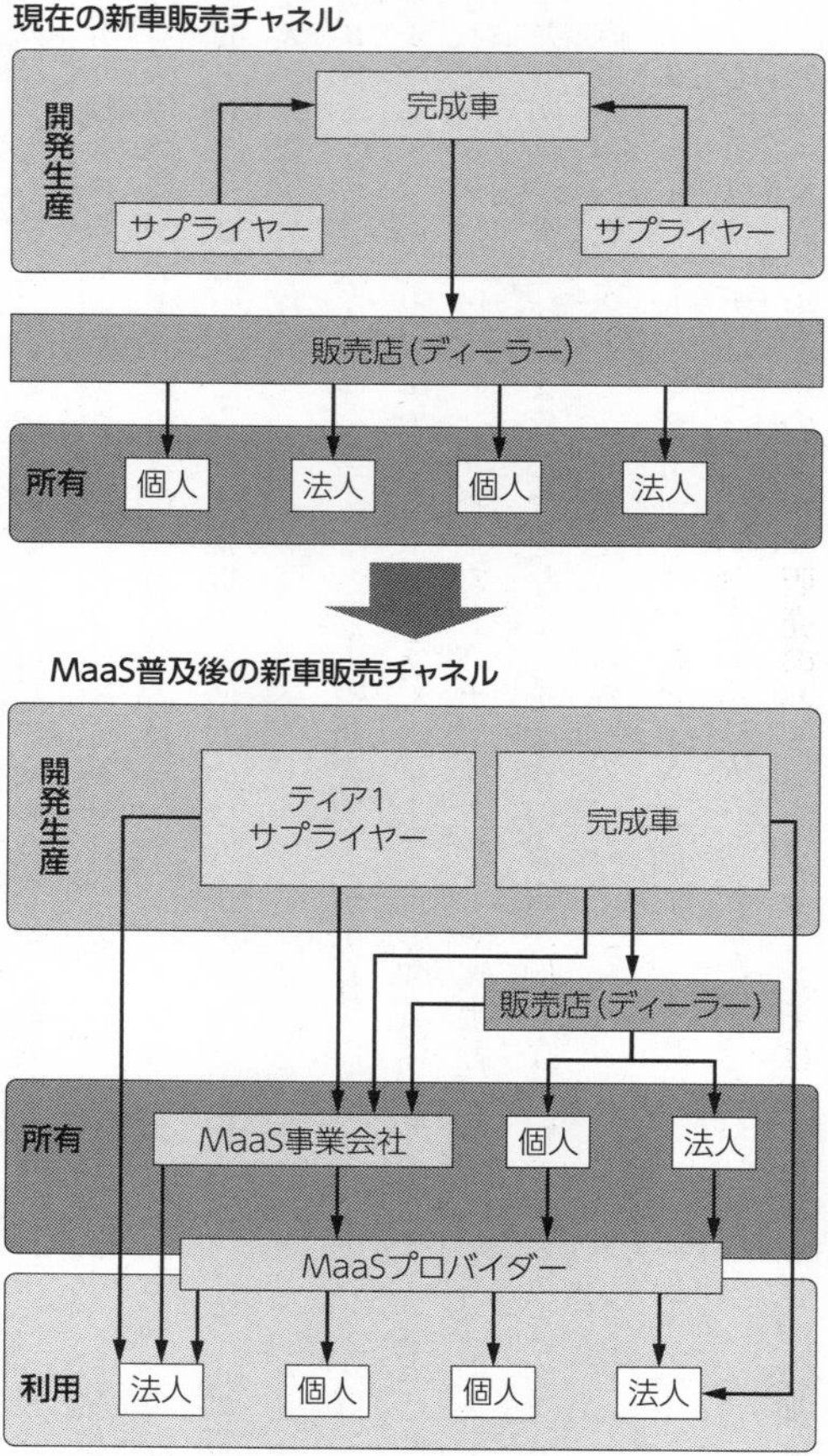

出所：ナカニシ自動車産業リサーチ

ルを構築することはディーラーの基本だ。

最も注目されるのが、高度なメンテナンスビジネスだ。5つのMaaSのビジネスモデルの中で、非常に高い収益性と成長率が望める分野だ。稼働率が40%という前提からすると、顧客が乗っていない時間を含めた走行総時間の80%もの高い稼働率になるかもしれない。それは、動いていないときはほぼ保守点検の時間に費やすような世界となるということだ。センサーのキャリブレーション（適合調整）などには新たに高度な整備技術が必要となってくる。所有期間の短縮化が進むMaaS車両のリサイクルビジネスも検討できる。MaaSのプロバイダーを事業に取り込むことも可能だ。

法人向けMaaSサービスでは、こういった高度のサービスを連携しワンストップで完結できるフリートマネジメントの総合サービス体制を構築しなければならない。多くの保有する土地の有効活用も期待が大きい。MaaSのメンテナンスには多くのファシリティが必要となるだろう。店舗や車両ヤードの効率的な運用と整理統合を進め、遊休土地をMaaSのビジネスに展開するポテンシャルはディーラーにとって多大なビジネスの好機を生み出すだろう。

第 4 章

コネクティッド

Connected　Autonomous　Shared & Service　Electric

1●コネクティッドはすべての基盤となる

❖トヨタの「ザ・コネクティッド・デイ」に込めた思い

2018年6月26日、トヨタ自動車は「ザ・コネクティッド・デイ（THE CONNECTED DAY）」と冠した新型クラウン、新型カローラスポーツの発表会を全国規模で実施した。2020年までに日米でほぼすべての乗用車にデジタル通信モジュール（DCM）を標準搭載する「コネクティッド戦略」を2016年に発表済みであり、この戦略がついに発動した。社長の豊田章男に加え、友山茂樹副社長とのコネクティッドに対する入魂のトークショーが繰り広げられた。

友山はトヨタコネクティッドの社長を務め、最高情報セキュリティ責任者、GAZOO Racingカンパニープレジデント、トヨタ生産方式本部長を兼務する、豊田の右腕だ。豊田と友山がコネクティッドへの決意を語る中で、多くの時間が「GAZOO（ガズー）」の歴史に割かれたのにはワケがある。

大昔の話だが、豊田が生産調査部というトヨタ生産システム（TPS）の推進母体に係長レベルで配属されていた時代に、若き日の友山がその配下にいた。その後、豊田は国内販売に配属され、滞留する商品に愕然としたという。

トヨタ自動車が開催した「ザ・コネクティッド・デイ」の模様。豊田章男社長（中央）と友山茂樹副社長（右）。提供：トヨタ自動車

「製造工程ではＴＰＳに基づいた１分１秒を削ってムダ取りをしているにもかかわらず、販売店ではクルマが何日間も滞留している」

そこで、豊田は業務改善支援室を自身は課長、友山を係長として１９９６年に立ち上げた。その他数十人のメンバーとともに、ＴＰＳの経営思想を販売店へ浸透させることに奔走し、苦楽をともにしたのだ。

下取りした中古車の国内流通を促進する目的で、複数のディーラーが中古車の画像を共有化するシステムを構築しようと豊田は考えた。しかし、そんなことには簡単に予算がつかなかった時代である。悩んだ豊田は、ポケットマネーでパソコン２台といくつかの通

信部品を秋葉原で買い付けさせた。それをサーバーに仕立てシステムを作り上げ、クルマの写真を送ったという。それが「中古車画像システム」であり、後の「GAZOO」となった。トヨタのコネクティッドの原点がここにあるのだ。

ポケットマネーで黎明期のコネクティッド事業にコミットした豊田の姿と、「コネクティッド戦略」に全社的プロジェクトとして現在トヨタがコミットしている姿勢が重なって見える。豊田と友山にすれば、コネクティッドは経営思想の根本であるTPSと顧客接点の永続に向けた重要な戦略なのである。

TPSは、ジャスト・イン・タイム（JIT）が基本にあり、後工程の情報を前工程にフィードバックすることで、必要なものを必要なときに必要なだけ製造するという思想だ。工程の最後にいるのが顧客であり、顧客接点が生命線であり、その情報を前工程に位置する販売・生産・開発へフィードバックさせていくことでTPSは機能する。

この思想に立てば、コネクティッドの普及でIT企業に攻められる現在の自動車メーカーの立ち位置は危機そのものであることは間違いない。一方、これにうまく対処できるなら、顧客とメーカー、ディーラー、保険会社、整備業者、金融会社などのバリューチェーンを有機的につないだ自動車産業ならではのコネクティッド基盤を構築でき、新たな競争力を築けるチャンスでもある。コネクティッドでの顧客接点を基に、究極のサービス、究極のビジネスを創造することが可能となっていく。

❖なぜ、コネクティッドが重要なのか

そもそも「コネクティッド」と従来の「テレマティクス」とは何が違うのか？　テレマティクスとは、テレコミュニケーション（通信）とインフォマティクス（情報科学）を合わせた造語であり、表面的な移動通信を用いたサービスの総称を指す。１９９６年に始まった交通情報提供サービスの「ＶＩＣＳ（ビックス）」や自動料金収受システム「ＥＴＣ」などの高度道路交通システム「ＩＴＳ」（Intelligent Transport Systems）、ナビゲーションと連携した検索機能や、運転状況や走行距離を基に保険料率が決まるテレマティクス保険などが代表例だ。最近ではもはやテレマティクスという言葉自体が死語となりつつあり、マルチメディア系と表現するほうがより理解されやすいかもしれない。

コネクティッドとは、クルマがＩｏＴ端末としてネットワークにつながることで有機的に広がるプラットフォーム全体を網羅する概念となる。例えば、ＯＴＡを用いたクルマのファームウェアの更新、自動運転車の遠隔操作、ビッグデータとのつながりによる全く新しいサービス等の展開も含まれる。すなわち、コネクティッドはテレマティクスの上位概念と考えてよい。

テレマティクスは20年以上前から普及を目指してきたが、ＩＴＳやテレマティクス保険を除けば、移動通信サービスは必ずしもクルマの中でのユーザー体験として斬新なコ

アバリューを提供できたとはお世辞にも言えない。特に、通信速度の遅さが致命的であったうえに、音声認識システムは満足に言葉を認識できず、「お前は使えない！」という代物だった。20年頑張ってもラジオに勝てなかったのが、自動車産業が主導したテレマティクスであった。

現在のコネクティッドは殻を破り始めている。緊急通報システム、盗難追跡サービス、プローブ交通情報、先読み情報サービスなどのサービスの拡充はもとより、リモートメンテナンス、スマートキーやまるで人間のような言葉で会話できる音声認識とアシスタント機能が加わってきた。ストレスの少ない4Gの通信速度と音声認識の進化があったのだ。

多くのクルマが車載通信機器を標準装備し、コネクティッド・サービスが提供され、ストレスのない音声認識による車内操作やナビゲーションとの連携もスムーズである。さらに、誰もが保有している普段のスマートフォンをUSBケーブルでつなぐだけで、車載モニターに普段と同じユーザーインターフェースでコネクティッド・サービスが利用できる、アップルの「カープレイ」とグーグルの「アンドロイドオート」の2つのプラットフォームも加わった。

標準装備の通信機を内蔵した常時接続型とIT企業が提供する専用の車載端末やスマートフォン連携型を含めれば、日・米・欧・中の主要4地域で2030年までにほぼすべてのクルマがネットワークとの接続性を持ったコネクティッドカーになると予想する。これにより、自動車産業は画期的な新しいネットワークを生み出すことになるのである。世界には約10億台の乗用車が普及しており、2030年には13億台に達する。2030年までにはネットワークに接続される車両数は10億台以上になると予想する。スマートフォンに匹敵する台数規模に留まらず、クルマの設計—調達—生産—流通—サービスの裾野の広いバリューチェーンもネットワークに接続される。交通も含めれば、公共交通システムから社会インフラまでも連結した、超巨大なネットワークとなることは間違いない。

❖コネクティッドが生み出すクルマのまったく新しい価値

この巨大なネットワークが創造する価値は飛躍的に高まるだろう。蓄積される走行データを基にビジネスチャンスが生まれ、付加価値の源泉になっていく。コネクティッド基盤を基に成長が予想されるのが、自動運転技術とシェアリングエコノミーである。ドライバーは周辺監視や運転から解放され、時間を有効に活用できる。

ライドシェアを活用すれば、自由に好きなところへ廉価なコストで移動できるユーザーメリットは計り知れない。クルマへの関わり方や利用方法が大きく変わり、所有だけでなく共有の世界が広がっていくだろう。ライドシェアやカーシェアは自動運転技術と

図表4-1●トヨタ自動車のコネクティッドの概念図

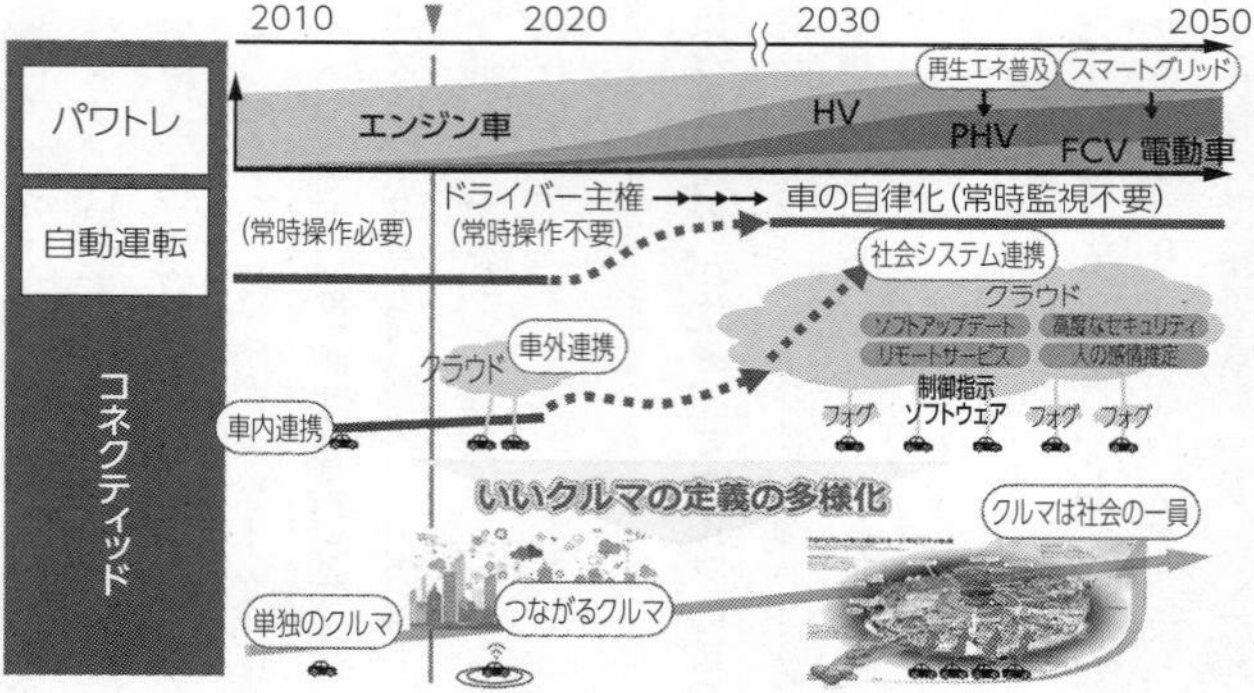

出所：トヨタ自動車資料にナカニシ自動車産業リサーチが一部加筆

融合したときにロボタクシーやロボシャトルと呼ぶ無人移動モビリティサービスとなる。

第3章の復習となるが、クルマから得られる移動や渋滞の走行データはビッグデータとなり、分析・利用すれば、様々なMaaS（モビリティサービス）を生み出すことが可能となる。誰もが自由に移動できる都市や社会が再設計され、社会インフラとしてのクルマの価値や交通システムにも大きな変化が訪れる。最終的に、クルマは社会のデバイスとなり、AIを基にした超スマートシティが築かれ、社会課題の解決を可能とする。これらのすべての基盤がコネクティッドにあるのだ。

こういった世紀の大油田を、GAFA

に代表されるIT企業が狙ってきていることはすでに述べた通りだ。強大なネットワーク構築で先行し、AI技術でも大幅にリードするプラットフォーマーたちだ。彼らのデータ収集力とAIによる学習・分析能力をもってすれば、自動車産業に先駆けて魅力的なエコシステムを構築することが可能だ。

第2章で解説したことだが、IT企業には2つの戦略的アプローチがあり、車載ソフトウェア（アウトカー領域）と車両ソフトウェア（インカー領域）の2つの重要OSの支配を目指している。最終的に、自分たちのプラットフォームに自動車産業のネットワークを完全接続し、車両と移動の両方のコモディティ化を進める。自動車メーカーをこれら既存のプラットフォームの従属者の立場に転落させようとしているのだ。

しかし、ハードウェアとしてのクルマや、裾野の広いバリューチェーン、それぞれの運用などのリアルなデータはIT企業の手中にはない。現在、これらを支配しているのは産業ピラミッドの頂点にいる自動車メーカーだ。自動車産業は、防衛し、反撃できるチャンスはあるのである。なぜなら、自動車産業を単純な製造業と見てはいけないからだ。彼らは顧客への直接的な接点と広域な流通販売網を有する。自動車産業が膨大な保有車両に対するサービスプロバイダーであり、広大なバリューチェーン全域に対するインテグレーター（統合者）でもある。このような産業は他にはない。

このように見ると、IT企業と自動車メーカーが勝敗を決するような戦いの構図ではないように思える。アウトカー領域で無限に近い広がりとコンテンツの魅力を持つIT企業と、伝統的なバリューチェーンの統合者である自動車メーカーは、競争しながらも協調するウィン-ウィンの連携を図るという未来図のほうが可能性が高そうである。

これが実現すれば、強力にかつ最速に社会を変革できるパワーとなるだろう。そのためには両者は、平和的な不可侵条約を結ばなければならない。自動車産業が進めるコネクティッド戦略の根本には、こういった共存共栄の中でクルマの革命を実現し、再びクルマを成長商品に押し上げようとする考えがある。

2●オープンかクローズか、それが問題だ

❖IT企業のコネクティッドカー戦略

第2章で理解したことは、コネクティッドの世界では、2つのゲームチェンジャーが存在するということだ。1つ目のカープレイとアンドロイドオートは、手軽な車載コネクティッドの基盤であり、何よりもアップルとグーグルが築いたプラットフォームには先行するAI技術と無限に近いコンテンツの広がりがあることが魅力だ。

カープレイとアンドロイドオートは、クルマの車載OSと部分的なつながりはあっても、彼らが吸い上げられる車両データは、ヘッドライトが点灯しているか、エンジンが

かかっているかどうかの2つ程度の単純なデータに限られている。クルマ側の車両データのゲートウェイはしっかりと閉ざされているのだ。

現段階ではユーザーへの利便性を高める目的で、「カープレイ」「アンドロイドオート」と自動車メーカーは互恵関係が成立している。しかし、自動車産業にとって「カープレイ」「アンドロイドオート」は長期的には脅威でもある。

GAFA陣営は、スマートフォンを中核とした検索、地図、広告、コンテンツの広範なサービス体制を築いている。ここでは非常に高い収益力を生み出し続けられるエコシステムがすでに完成しており、コネクティッド基盤、AI、自動運転技術開発、音声アシスタント、無料のコネクティッド・サービスなどの今後必要な技術投資を続けられる。ここから自動的にユーザー活動のデータも容易に収集できる。このような巨大エコシステムに、自動車メーカーが本当に長期的に抗うことが可能なのか、正直なところ不安はある。

2つ目のゲームチェンジャーが、音声認識を含めたAIアシスタントだ。アップルの「シリ」、グーグルの「グーグルアシスタント」、アマゾンの「アレクサ」などである。AIが生み出す自然言語理解の技術革新を目の当たりにする中で、クルマにとって100年に一度のゲームチェンジャーとなり得る技術だと感じる。

クルマのインターフェースは、ボタンやダイヤルだったものが今はタッチパネル操作に置き換わりつつある。その先には、音声認識が人とシステムをつなぐ快適なインターフェースとなり得るだろう。過去にテレマティクスで実現できなかった夢を叶える技術であることを自動車メーカーは強く理解しているはずだ。

グーグル、アップル、アマゾンはこの2つのゲームチェンジャーを車載コネクティッド機器のインターフェースの標準にしようとしている。そこから、すでに築き上げた巨大で魅力的なコンテンツに結び付けていけば、彼らのクルマのユーザー・インターフェースとしての地位が確立されていく。

自動車メーカーにとって、IT企業のコネクティッド端末のインターフェースが完全なデファクト標準になってしまうことは望ましくはない。IT企業は最初こそオープンな姿勢で協力的な紳士として振る舞っても、プラットフォームに囲い込んだ後は、シビアな交渉人に変わる。標準になってしまえば、「ユーザーのために」との名目で自動車メーカーに対する条件は確実に変わっていくだろう。制御系センサーへのゲートウェイをこじ開け、クルマの走行系センサー情報ともっとつながりたいと要求してくる可能性も考えられる。それだけでは終わらず、クルマの制御そのものである、自動運転ソフトと車載通信機器丸ごとをアンドロイドOSとしてはいかがでしょうかとなれば、ハードとしてのクルマは完全なコモディティである。

❖自動車産業のオープン・アンド・クローズ作戦

すなわち、グーグルやアマゾンの要求がエスカレートするときに、「ノー」と突き返せる対抗軸を自動車産業は持っていなければならないのである。ここでは、それを自動車産業のオープン・アンド・クローズ作戦と呼ぶ。こういった考えのもと、トヨタやダイムラーはユーザー・インターフェースにできるだけ業界独自で管理できるインターフェースの仕掛けを作ろうとしているのだ。

多くの自動車メーカーがコネクティッド戦略を掲げ、DCMのような車載通信機器を標準装備し、通信費用を無料にして、自動車メーカー独自のコネクティッド・プラットフォームへユーザーを囲い込もうとしている。ただ、これをビジネスモデルとして確立することは簡単ではない。

最初の数年間は通信料を無料にしなければ、受け入れてもらうことは至難の業である。そこを起点に、納得できるコンテンツやサービスを作り、毎月一定額費用を支払ってもらう「サブスクリプション」を確立していかなくてはならない。自動車メーカーならではのキラーコンテンツが必要だ。

たとえば、2018年の新型ベンツAクラスから導入された「MBUX」やトヨタの新型クラウンで導入した「T-Connect」では、ベンチャー系の自然言語処理による音声入力技術を共同開発している。「MBUX」は米国のニュアンス・コミュニケ

2019年モデルのアバロン（米国）に装備されたアレクサのイメージ写真。提供：トヨタ自動車

ーションズの音声認識技術を採用している。トヨタは国内ではＬＩＮＥのＡＩプラットフォーム「クローバ（Clova）」を活用し、日本的なＬＩＮＥでクルマと会話できる音声認識を採用している。

音声認識では、トヨタは米国市場でアレクサの導入を進め非常に好評だ。これは将来のクルマの一つの標準になってくる可能性がある。どこまでアマゾンのクラウド技術がクルマを支配し始めているのか気になるところだ。

まず、アレクサの音声データはアレクサのクラウド上のトヨタのスキル（Skill）にいったん上げられる。ドライバーの求める情報がクルマの制御に関係なければ、たとえば、「アレクサ、自宅の炊飯ジャーのスイッチ入れてね」などはアマゾンの中で情報が処理される。

しかし、ドライバーの意図が車両制御に関連した情報となると、そのデータはトヨタ独自でアマゾンが侵入できないトヨタスマートセンター（TSC）に戻される。「アレクサ、前の車にオートクルーズ（自動追尾）をセットして」といえばトヨタのスマートセンターでこの情報が処理され、クルマに通信し、車両制御に介在する仕組みである。アレクサは素晴らしい音声認識ツールであり、アウトカーへのつながりを広げるが、車両制御にアレクサが関与しているのではない。

自動車メーカーの立場では、外部ベンダーに対して閉じておかなければならない重要な2つのゲートウェイがある。第1が、コネクティッドを支配する車載コネクティッドOSである。ここは、自動運転のアップデートをするファームウェア、交通データ、車両データ、地図データなど、車両の制御に関わる重要なデータの通り道を制御するOSである。車載コネクティッドOSとはクルマがアウトカーの世界につながる最も重要な基盤であるとの認識が必要だ。

自動車メーカーとしては、車載コネクティッドOSを自動車業界独自の標準OSとして確立し、自らがコントロールできないブラックボックスを排除しておきたい。その目的で設立されたのが、オープン・プラットフォームのリナックス（UNIX系OS）をベースとしたAutomotive Grade Linux（AGL）コンソーシアムである。自動車産業独

図表4-2 ● トヨタのオープン・アンド・クローズ戦略

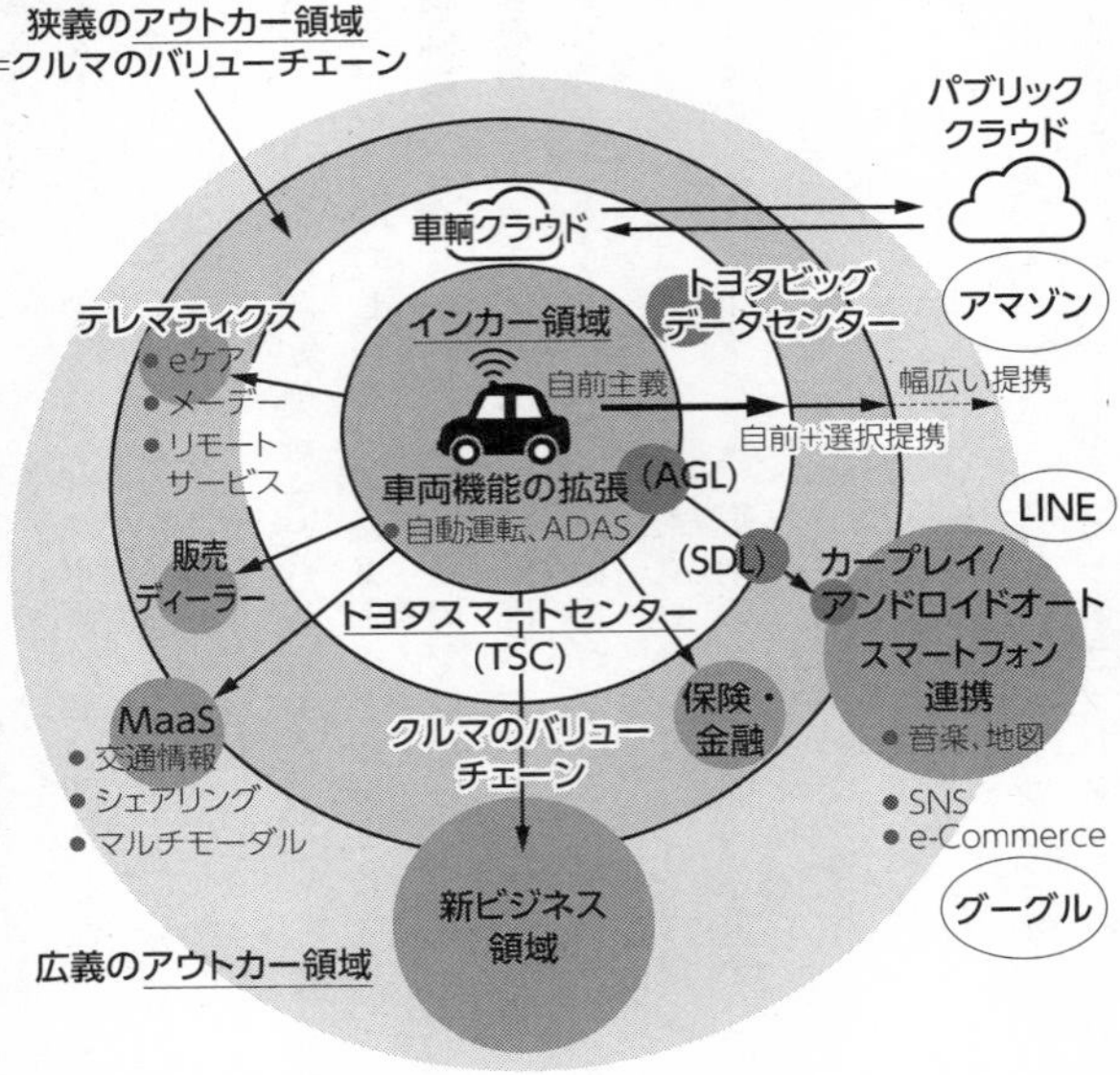

出所：ナカニシ自動車産業リサーチ

自で標準化を目指す車載通信機器のOSだ。

トヨタ、マツダが主導し、スズキ、ホンダ、日産、フォード、ダイムラーが参画している。自動車メーカーが主導して使いやすい標準OSを作れば、参画する自動車メーカーはさらに増える可能性がある。AGLには、アマゾンがゴールドメンバーで参画しており、自動車産業にとって有利なIT連携を構築できる可能性も秘めている。

図表4－2に示したトヨタのオープン・アンド・クローズ戦略の図では、インカーとアウトカーの接点に位置し、クルマがアウトカーと通信し情報の出入りを司るところに置かれたゲートウェイである。

第2のクローズ作戦は、マルチメディア系の情報通信を行うスマートフォン連携に、自らコントロールできるゲートウェイを置くことだ。カープレイ、アンドロイドオートともにマルチメディア系の情報通信の車載OSであり、クルマの制御情報へは関与していない。カープレイ、アンドロイドオートのエコシステムは魅力的であり、可能な限り広げていきたい。しかし、これらのOSは完全なブラックボックスで、デファクト化してマルチメディア系の主導権を握られることは怖い。

そこで、自前の車載OSとスマートフォン連携との間に、自動車産業の独自のコネクティビティ技術として開発されたのが、リナックスベースでフォードが主導してきたSmart Device Link（SDL）である。図表4－2では、白い円周で表現したクルマの城壁と外部との接点に位置する。OSのブラックボックス化を避け、積極的にカープレイやアンドロイドオートと協調し、彼らのサービスと利便性を車内空間に取り込める。SDLにはトヨタ自動車、マツダ、スズキなどが参画している。

❖マルチメディア系は各社のアプローチが違う

しかし、SDLに対する自動車業界の評価は割れている。SDLは自動車メーカーがOSレベルでサポートできる主導権を持てるため、クローズドの環境を維持しやすい。しかし、アプリケーションの広がりが大きく、カープレイやアンドロイドオートを車載OSの一部として利用したほうがエコシステムの確立では圧倒的にスピードが速く有利である。しかし、GAFA系のプラットフォームに依存しすぎることは危険もはらむ。

日産自動車、三菱自動車、ルノーの3社は、2018年9月にアンドロイドOSを搭載した次世代車載システムをコネクティッド戦略の根幹に据えるという驚きの発表をした。地図情報の「グーグルマップ」、デジタルコンテンツの「グーグルプレイ」、音声認識AIアシスタントの「グーグルアシスタント」といった三種の神器をセットにした次世代車載システムを共同開発し、2021年より同システムを搭載したクルマを発売する。

この3社アライアンスは2017年に1060万台を販売し、乗用車で世界最大のグループだ。2022年までの中期経営計画の中でその規模を1400万台へ引き上げる野望を持つ。アライアンス・コネクティッド・クラウド基盤を構築し、ほとんどのクルマにコネクティッドとクラウドベースのサービスを搭載していく方向を発表している。

トヨタ、フォードに遅れ気味であったが、その戦略が具体化してきた。通信やクラウド基盤の構築には多額の費用がかかる。そのマネタイズも容易ではない。日産―三菱―ルノーアライアンスはその基盤の統一を図り、費用対効果で競争を有利に戦おうとする意識が強い。

アンドロイドOSベースの専用の車載端末をマルチメディア系のコネクティビティ基盤として採用することで、グーグルの高い人気を利用し、早期にアライアンス車両のコネクティッド化とエコシステムの構築を目指す考えなのだろう。ただ、アンドロイドOSだけを用いて、車両制御に関わるすべてのコネクティッド情報を管理するとは考えにくい。日産−三菱−ルノーアライアンスがどのような車両制御コネクティッド戦略を持っているのか、現段階でははっきりとしない。

クルマとのコネクティッド方式は多種多様な状態がしばらく続く見通しだ。しかし、いずれは共通化と国際標準化が進む可能性がある。車内に複数のAIアシスタントが混在する可能性もあり、どのように統合していかなるメリットを生み出せるか、方向性は見えていない。それまで、すべてをクローズドにして抱え込むことは不可能であるが、ゲートウェイを閉じ独自のコネクティッドカー・プラットフォームを維持できる要所の技術をクローズドで閉じておく意義は大きい。自動車メーカーはコネクティッドで開かれるクルマの開空間の中に、IT企業に抗う領域を定めていかなければならない。

❖IT企業と自動車メーカーは連携できる

クルマの自己診断機能（ＯＢＤ－Ⅱ）とは、電子制御ユニット（ＥＣＵ）の集まるセンサー情報を自己分析し異常や故障の判断を下す装置であり、搭載が義務化されている。ＯＢＤ－Ⅱに集まる車両情報が、車載通信装置を経由して外部に流出することは、補修や修理を通じ顧客接点を守ってきた自動車サプライチェーン企業には脅威である。車両データをＩＴ企業が手中に収めれば、リアルな工業製品の情報を蓄積しＡＩ技術で分析していく。短期的にそれほどの脅威ではなくとも、長期的にはいかなる飛躍があるのか予測がつかない。

センサー情報を手に入れたＩＴ企業はクルマの修理候補の箇所を特定し、その情報をオープンな取引市場であるマーケットプレイスに公開し、新しい取引ビジネスモデルを作ることが可能となる。開放された取引市場へ顧客接点を奪われることは、当初は小さな綻びにすぎなくても、バリューチェーン全域のインテグレーターである自動車メーカーの牙城を切り崩す契機となり得るだろう。

バリューチェーンビジネスを独自のコネクティッド基盤に残し、顧客接点を守ることは自動車メーカーのコネクティッド時代の重要な課題となっていくだろう。リアルなデータを自動車メーカーのコネクティッド・サービスに取り込んで価値のあるサービスを構築していくことだ。月々の支払いが低下するテレマティクス損害保険、壊れる前に知らせる診断システム、適切なメンテナンスが残価価値を高めるというコネクティッドカーの所有者が具体的に受けられる経済的なメリットを生み出していかなければならないだろう。

コネクティッドを介してバリューチェーンのプレイヤーと直接的につながる好機を増大させていくことも重要な課題だ。カーシェアでクルマの稼働率が上がるとすれば、代替サイクルは短縮化し、保守・メンテナンスでのディーラーの収益機会は増大する。しかし、一般的に、IT企業と自動車メーカーは敵対的な関係と受け取られがちだ。

自動車メーカーが守るべき領域を明確に定義し、それを担保できるクローズ戦略が成立するのであれば、IT企業と自動車メーカーは有益な連携を実現でき、競争力の高いプラットフォームが構築できる。社会を大きく改善するシナジーを生み出せるのである。コネクティッドの基盤を構築していけるのであれば、自動車産業は成長産業に復帰することが可能となる。リアルな世界のデータを有する自動車産業には競争優位があると考えられるからである。

3●日・米・欧の主力自動車メーカーの戦略

❖トヨタのコネクティッド戦略

もう一度、トヨタのコネクティッド戦略を示した図表4－2を見てほしい。中央にあるのがクルマのインカー領域であり、ここでは独自の車両OSが基盤にある。先述の通り、車載通信機器はAGLベースの業界標準OSを基にする。そのクルマには、独自の車載通信機器（DCM）を経由するものと、ユーザーのスマートフォンと連携してカープレイやアンドロイドオートとつながる2つのコネクティッド手法がある。

スマートフォンとの連携ではSDLをかませ、OSレベルでの主導権と外部へのゲートウェイを閉じる。DCMを経由したデータはクラウド上のトヨタスマートセンター（TSC）とトヨタビッグデータセンター（TBDC）に蓄積され、モビリティサービス・プラットフォーム（MSPF）が新しい価値・サービスを創出するためのインターフェース、APIを外部に提供する。この白色の領域が、トヨタを守る城壁の役割を果たすのである。

アウトカー領域は、2つの概念で整理すべきだ。狭義のアウトカーとは、濃いアミで示したクルマのバリューチェーン領域である。広義のアウトカーは無限大のIoTの世界が広がる。トヨタが独自に直接つながろうとするのは狭義のクルマのバリューチェーン領域である。クルマのバリューチェーン領域にいる販売店や保険会社とは、ビッグデータセンターから自前で直接につながる。スマートフォン連携の場合は、ＭＳＰＦを介在するという形となる。

自前で守るのはバリューチェーン領域と定義し、そこにはグーグル、アップル、アマゾンに侵入の隙を与えないのがトヨタのクローズ戦略の基本である。走行データを基に作られるテレマティクス保険、メーデーシステム、修理提案のようなサービスを独自のデータセンターを基に展開する。

２０１６年のコネクティッド戦略説明会では、三本の矢をもって戦略を解説し、①すべてのクルマをコネクティッド化、②ビッグデータ活用を推進し、お客様や社会に貢献すると同時に、トヨタ自身のビジネス変革を推進、③あらゆる異業種・ＩＴ企業と連携し「新たなモビリティサービス」を創出するというものだった[3]。

クルマは単体の存在から「クルマ＋クラウド」の商品に進化する。クルマを単なる移動手段からＩｏＴ端末としての社会のデバイスへ変化させ、ユーザー価値に留まらず社会全体の価値を追求することがコネクティッド戦略のミッションである。

❖VWの"Zukunftspakt"＝「未来のための協定」

２０１８年4月、ＶＷグループは突然の経営トップの交代を発表した。ディーゼル不正を受けてヴィンターコルンが失脚し、その直後の２０１５年9月からＣＥＯを務めてきたマティアス・ミュラーの退任だ。彼は会社再生を目指す「ストラテジー２０２５」を２０１６年に掲げ、２０１７年には「ロードマップＥ」の電動化戦略を決定するなど精力的に動いてきた。人事の混乱はＶＷのお家芸ではあるが、大株主のポルシェ家、ピエヒ家、ニーダーザクセン州政府の信認を失ったと見られる。任期を2年も残した形でミュラーは突然の退任となった。理由は不明だ。

後任はＶＷブランドＣＥＯのヘルベルト・ディースであった。彼はＶＷの不正が発覚する直前にＢＭＷからＶＷブランドの再建を担って引き抜かれてきた新顔だが、入社直後からＶＷのＥＶ戦略を推進してきた人物だ。ＶＷグループの経営陣には、強面な人物が多いが、ディースは小柄で温和、親しみやすい人物だ。

しかし彼のニックネームは「コストカッター」、冷酷かつ厳格な経営者である。ディースはＶＷブランドの大リストラの推進者だ。"Zukunftspakt"《ツクンフツパクト》＝「未来のための協定」と銘打った生産性25%の改善約束は、事実上のリストラ計画であり、ＶＷグループの営業利益率を２０２０年までに4%、２０２５年に6%以上に引き上げることを目指す。ドイツでの２・３万人（グローバル３万人）の人員削減、年間あたり37億ユーロ（約

4810億円）のコストカットを織り込んでいる。2・3万人の削減といっても、ほとんどは自然減だが、ドイツ社会でこのような規模の人員削減を声高に叫ぶことは勇気のいる行動である。

時に、VWには救世主のようなコストカッターが登場する。それも常に外部からやってくる。1990年半ばにGM傘下のオペルから電撃転職をはたしたイグナシオ・ロペスであり、当時の旧態依然としていたVWに調達改革をもたらした。2人目は2000年代半ばにダイムラーから移籍したコストカッターのヴォルフガング・ベルンハルトであった。このジンクス通りなら、ディースはVWを立て直すかもしれない。

VWグループCEOに上り詰めたディースは組織大改革と企業の近代化に着手する。(4) VWグループといえば買収を重ねた12ものブランドを操るところが特徴であったが、それをがらりと変え、大衆車、高級車、超高級車、商用車の4部門に分け、商用事業「トレイトン」は企業分離させて市場公開する計画だ。コネクティッドと車両IT部門は、ディースが直轄する体制とした。電気モビリティ、デジタル化、モビリティサービスで実績を築き、ブランドの再生を果たす方針である。

ディースはコネクティッド戦略を2018年8月24日に公表した。ダイムラー、トヨタ、フォードに続き、世界レベルのコネクティッド戦略を公式に発表するのはVWで4社目である。

図表4-3 ● VWのコネクティッド戦略の概要

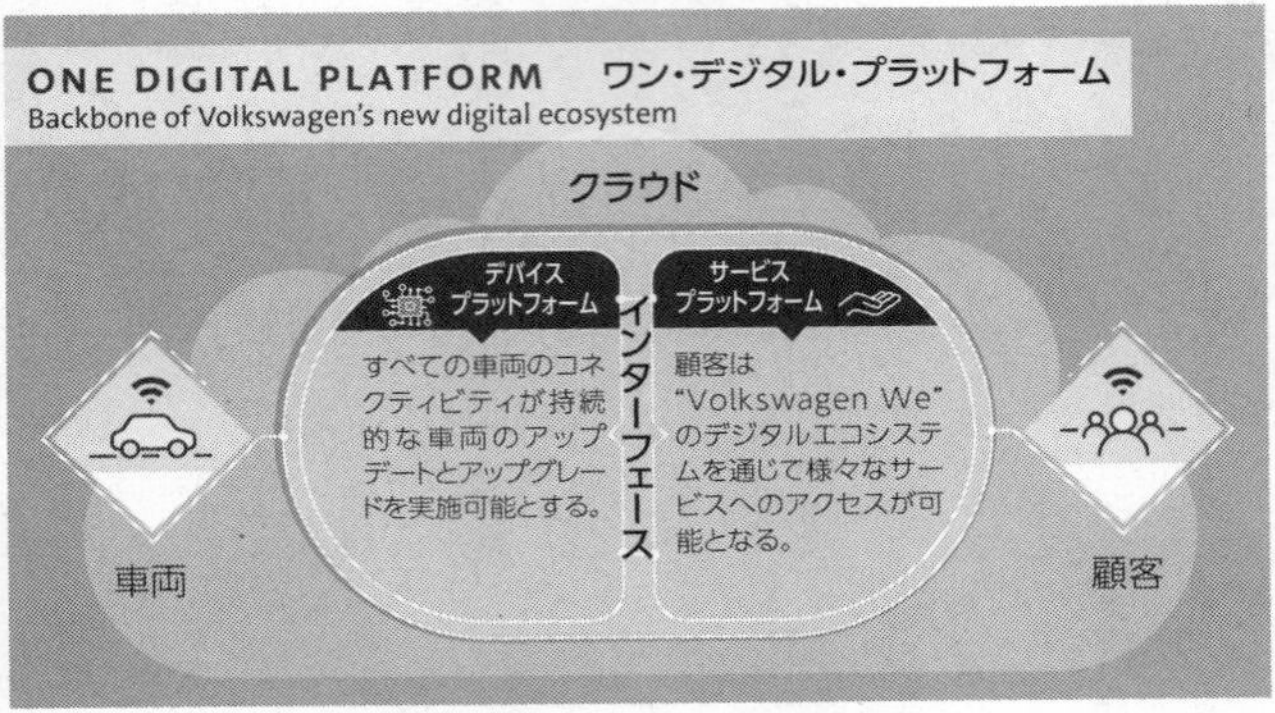

ONE DIGITAL PLATFORM　ワン・デジタル・プラットフォーム
Backbone of Volkswagen's new digital ecosystem
クラウド
デバイス
プラットフォーム
サービス
プラットフォーム
インターフェース
すべての車両のコネクティビティが持続的な車両のアップデートとアップグレードを実施可能とする。
顧客は "Volkswagen We" のデジタルエコシステムを通じて様々なサービスへのアクセスが可能となる。
車両
顧客

出所：VW資料を基にナカニシ自動車産業リサーチが翻訳加筆

メッセージは大きく4つある。

①「Volkswagen We」と名付けたサービスプラットフォームを基にデジタル化投資を加速。

② デジタル化推進に向けて、2025年までに35億ユーロ（約4550億円）を投資。

③ ソフトウェア開発力強化に向けた他社との連携や買収を視野。

④ 完全なコネクティビティを備えた車両ラインアップにより、自動車メーカーからモビリティサービス・プロバイダーへと変革。

2020年以降、VWグループのほぼ全車種をコネクティッドカーとし、後付け通信機「Volkswagen Connect」搭載車とも合わせ毎年500万台がコネクティッドとして加わる。「Volkswagen We」と名付けたサービスプラットフォームを強化するために、「ワン・デジタル・プラットフォーム（One Digital Platform）」（ODP）と名付けたモビリティサービス・プラットフォームを構築する考えで、各種サービス、サービサーとつながる基盤となる。これはトヨタのMSPFと同じクラウド上のデジタル・プラットフォームである。

車両サイドでは、2020年から導入を始めるEVのプラットフォーム「MEB」を新しいITアーキテクチャとして位置付ける。現在のクルマは複雑で、多いもので70のECUが搭載されているが、これをわずか数個のECUで制御ができる電子プラットフォームを構築する。これにより、予想される複雑さの整理を進め、新しいユーザー体験とモビリティサービスの提供を可能とする考えだ。

ITアーキテクチャは、ハードウェアとソフトウェアの切り離しを可能とし、継続的なアップグレードを実施する基盤になっていく。この電子プラットフォームは2030年までを見通すうえで非常に重要な技術革新である。将来的には「vw.OS」と名付けた1つの車両OSにすべてのアプリケーションとサービスがのる形を提案している。これはクルマのアーキテクチャの進化をうかがう重要なビジョンである。このクルマの新しいアーキテクチャの方向性を第8章で掘り下げる。

第5章

自動運転

Connected Autonomous Shared & Service Electric

1● 理解すべき2つのアプローチ

❖不幸な事故の背景

「自動運転が可能になりました」

2015年10月14日、テスラのCEOイーロン・マスクは誇らしく、こうメッセージを発した。テスラ・バージョン7・0がリリースされ、「オートパイロットモード」と銘打った自動運転が可能となったのだ。ファームウェアのアップデートが完了した「モデルS」は一夜にして自動運転機能を持った先進的な高級車に進化したわけだ。

ネットワークへの接続で車両ソフトを書き換えるオーバー・ザ・エアー（OTA）を通じて車両のソフトウェアをアップデートし、自動運転が可能なクルマに引き上げていく。テスラの革新性に共鳴する若き富裕層は、このような新しい価値観を強く支持した。

しかし、このモデルSは2017年5月、オートパイロット走行中に死亡事故を起こした。ハイウェイ（高速走行ができる一般道）の交差点で、左に曲がろうとハンドルを切った大型トレーラーの荷台に、反対車線を高速で直進してきたモデルSがほぼ垂直に衝突したのである。モデルSは車体がトレーラーの荷台の下に潜り込むいわゆるアンダーライド状態となり、フロントガラスを直撃する凄惨な事故となった。

なぜ緊急ブレーキが利かなかったのか、理由は単純である。横飛び出し、左折車（日本の場合は右折車）、対向車、木、電柱に対する衝突は、緊急ブレーキで回避するようにはプログラムされておらず、それを可能とするセンサーも搭載されていなかった。こういったコンピューティング上の問題解決の具体的手順を「アルゴリズム」という。簡単にいえば、トレーラーが光を反射してまぶしかったといった原因ではなく、アルゴリズムとして障害物だと認識する仕様にはなっていないのである。

しかし、不幸なドライバーは設定速度を時速74マイル（時速118キロ）に上げ、映画「ハリー・ポッター」のDVDを見ていたのか、衝突の7秒以上も前からトレーラーが見えていたはずだったが回避行動をとった痕跡はない。この事故の責任はテスラではなく、残念ながらドライバーにある。

「自動運転」という言葉の響きは、あらゆる運転操作を機械が行ってくれるような印象を抱きがちだ。しかし、モデルSの実態は「運転者支援」である。ドライバーが常時監視し、運転結果に責任を持たなければならない。したがって、米国道路交通安全局（NHTSA）[5]はテスラのオートパイロットモードには欠陥はないという結論で調査を締めくくった。

この後もテスラの「オートパイロットモード」中に事故が続発している。2018年3月にはカリフォルニア州で中央分離帯にモデルXが激突して車両は大破、ドライバーは死亡した。2018年5月にはモデルSが停車中の消防車に激突したが、幸いドライバーは足首捻挫で無事だった。

「4万人以上の人が米国の交通事故で命を失っても1件も報道されないのに、1件のテスラ事故で足首を捻挫したことが新聞の1面を飾るのは超ヘンだ」とイーロン・マスクはツイッターにつぶやいた。

❖先進運転支援システム（ADAS）と自動運転の違い

自動運転レベルは、米国標準化団体のSAEが定める5段階のレベル定義を2016年にNHTSAが採用した結果、SAEレベルが世界のデファクト標準となった。

レベル1は「運転者支援」で、前後方向の加速やブレーキ、左右方向のステアリングのいずれかの操作が自動で行われるもので、SUBARUの元祖「アイサイト」のような緊急ブレーキがわかりやすい例だ。

レベル2は「部分的自動運転」と呼ばれ、前後方向と左右方向の両方の操作が自動で行われる。日産自動車のセレナの「プロパイロット」がこのレベルに相当する。日産は「プロパイロットはドライバーの運転操作を支援するためのシステムであり、自動運転システムではありません。安全運転をおこなう責任はドライバーにあります」と、自動運転ではないことをマニュアルに明記している。

図表5-1 ● 自動化レベルの分類

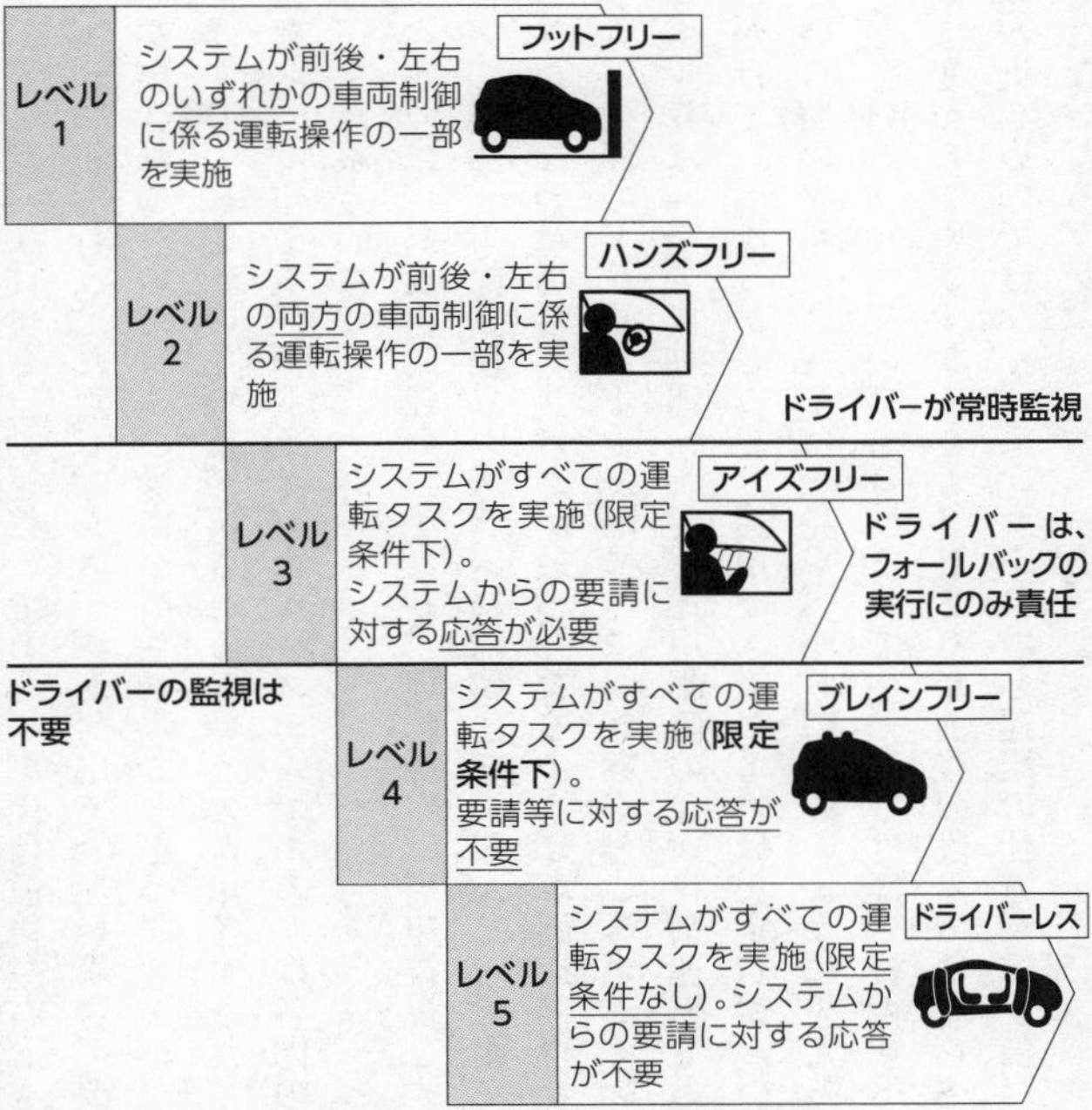
レベル1
システムが前後・左右のいずれかの車両制御に係る運転操作の一部を実施
フットフリー
レベル2
システムが前後・左右の両方の車両制御に係る運転操作の一部を実施
ハンズフリー
ドライバーが常時監視
レベル3
システムがすべての運転タスクを実施（限定条件下）。
システムからの要請に対する応答が必要
アイズフリー
ドライバーは、フォールバックの実行にのみ責任
ドライバーの監視は不要
レベル4
システムがすべての運転タスクを実施（限定条件下）。
要請等に対する応答が不要
ブレインフリー
レベル5
システムがすべての運転タスクを実施（限定条件なし）。システムからの要請に対する応答が不要
ドライバーレス

出所：各社資料、国土交通省資料を基に、ナカニシ自動車産業リサーチ作成

レベル3は「条件付き自動運転」であり、車両は前後左右とも自動運転され、かつシステムが監視も行う。ただし、システムが対応できない場合、要請によりドライバーに操作が戻されるものだ。この操作が戻されることを「フォールバック」と言い、走行中にドライバーに運転の主導権が戻されるというのがポイントだ。フォールバックは技術的に難しく、事故責任がドライバーかシステムであるかは各国の法整備が不十分で、運用はいまだ限定的だ。

レベル4は「高度自動運転」となり、運転操作、周辺監視をすべてクルマのシステムが行い、当然、事故責任もシステムに帰属する。しかし、大雨が襲うなどシステムが対応できなくなった場合、リスクが最小となるように車両を停止させる。車両を停止させてから、人間のドライバーや遠隔操作に引き継ぐところがポイントだ。

レベル5は「完全自動運転」で、運用制限のない自動運転である。ただし、相当の未来にかけてレベル5がどこでも運用できるケースは想定しづらい。ハンドルもブレーキもないGMのクルーズAVは一見レベル5の車両のように思えるが、実際はレベル4で運用しているクルマなのである。そして、一皮むけば、技術レベルはレベル2とそう大きくは変わらない。少なくとも2020年前後の段階では、レベル2もレベル4も技術の差が大きいのではなく、センサーの数と運用の仕方が違うのだと捉えるのが正しい理解ではないだろうか。

明確な定義があるわけではないが、レベル1〜2を先進運転支援システム（ADAS、「エイダス」と発音する）、レベル3〜5を自動運転と分類するケースが多い。レベル2〜3はどちらにも属することがある曖昧な領域である。重要な区分けは、人間の関与の大きさで決まるものだ。人間とシステムが協力しながらも主導権が人間にある場合をADAS、システムに主導権があれば自動運転と考えてよい。

ADASは事故を削減することが存在意義である。シートベルトやエアバッグのように衝突してから安全を確保するのがパッシブ・セーフティと呼ばれるのに対し、ADASは衝突を未然に防ぐアクティブ・セーフティである。わずか5万円から20万円のオプション費用でも、ドライバーとシステムが協力し合えば、事故は大幅に削減できる。ADASは標準装備されていくべき技術である。

安全は標準装備されているもので、わざわざお金を払うものではないという意識が消費者には根強い。ここがADAS普及の難しいところだ。ところが、自動運転と聞けば「運転から解放される」という具体的なメリットを消費者は感じることができる。高いオプション金額を払ってでも装備する意欲は高まる。こうした消費者意識は、日産の「プロパイロット」の装備率が非常に高いところに表れている。

❖MaaSとPOVのアプローチの違い

自動運転の概念を理解するうえで、MaaS（モビリティサービス）とPOV（個人所有車）のアプローチの違いを理解することは重要だ。レベル1からレベル2へ段階を踏みながらクルマの自動化に取り組むPOVと、いきなりレベル4から運用を開始するMaaSのアプローチではビジネスモデルに大きな違いがある。多くの報道がこの2つのアプローチを混同しており、自動運転ビジネスに対する誤解の原因になっている。

自動車メーカーは、マイカーに起こる不幸な事故を1件でも減らすために、ADASの採用を進めてきた。自動車安全アセスメント（NCAP、New Car Assessment Programme）のような安全性に対する外部評価とその情報開示が定着してきている。法規よりNCAPの規制が先行しているため、自主的にADAS装備を進めNCAPに準拠することがブランド価値を高め、ユーザーの信頼を勝ち取る大切な取り組みとなってきた。

NCAPへの準拠を進めることで、自動化レベル1からレベル2へ段階を踏みながらクルマの安全性の引き上げに取り組んできたのが自動車メーカーである。POVに対して自動化レベル4を導入することは、正直に言って技術レベル、費用面の双方で現実的ではない。巨大なセンサーが天井に何個も装備された見栄えの悪いクルマをフェラーリ並みの価格で個人所有したいという変わった趣味の人はそれほどいないだろう。そもそ

図表5-2 ● 自動運転技術への2つのアプローチ（MaaS対POV）

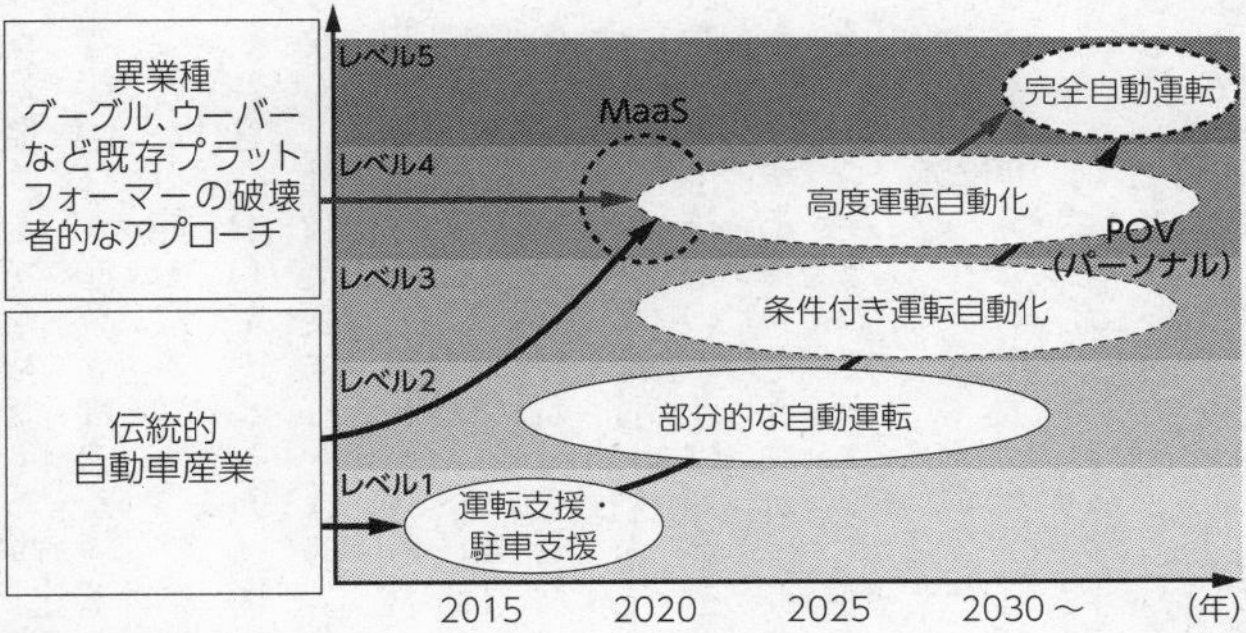

出所：ナカニシ自動車産業リサーチ

も使える場所も限られる。したがって、ドライバーを一時的に運転タスクから解放できるレベル３こそが自動車メーカーが現在チャレンジする領域なのである。

一方、ウェイモやバイドゥ（百度）といったＩＴ企業が目指しているビジネスモデルが、ＭａａＳのアプローチであり、これはレベル４からスタートする。センサー、データ、ＡＩでドライバーを創造できる道を示したのがウェイモの源流のグーグルＸにおける自動運転研究の本質だ。ウェイモは、その技術を社会で実際に利用することを目指した事業である。この自動運転技術を基にしたＭａａＳは、爆発的な事業拡大の可能性を秘めている。

レベル４の技術が社会で利用できるようになれば、制約は伴うものの、ドライバーをクルマから降ろしてもMaaSサービスが提供できる。レベル4には高額なセンサーや高性能な半導体が必要となるが、それでもドライバーの人件費よりは安く運用システムを作ることが可能となる。

レベル2のPOVとレベル4のMaaSとの間には技術的な差が大きく存在するわけではなく、社会実装するときの「運用」の仕方に違いがあると理解すべきだ。したがって、自動車メーカーは自動運転技術の実現が近づいているという認識を2000年代後半に感じてはいたものの、それほど慌ててはいなかった。

この認識を変えなければならない出来事がスマートフォンによるデジタル社会の進化であった。スマホが急速に普及した結果、クラウド基盤が劇的に整備され、低コスト化された。IT技術の革新は想像を超えて進歩し、クルマのIoT化が現実的な世界となってきたのである。そうなれば、すでに解説した通り、クルマはネットワーク端末化され、そこから生まれるデータが価値を支配し始める。そんな時代が猛スピードで襲ってきたのである。

第2章で明らかにしたのは、IT企業は2つのアプローチで自動車産業の基盤を攻めているということだ。クルマの内部であるインカー領域では自動運転技術を用いた車両OSを狙い、クルマの外部とつながるアウトカー領域ではマルチメディアなどの車載OSを攻め込んでいる。その2つをすでに構築している巨大なITプラットフォームにつなげれば、ＩＴ企業がＣＡＳＥ革命の主導権をとっていける。

自動車産業はこの2つのクルマのＩＴ化に対して危機感を募らせた。ＩＴ企業の侵攻を止めるためには、自らがＩＴのプラットフォームを築かなければならない。そのためには、自分たちのコネクティッド基盤を構築し、そこに、ＰＯＶに留まらずＭａａＳ車両もつなげていく必要性が生まれた。自らがモビリティサービス・プラットフォーマーになるという戦略を遂行するためには、レベル4のＭａａＳ領域へ攻め込まなければならなくなったのである。

ここで認識すべきは、ＭａａＳでウェイモの自動運転車両が走り出したからといって、勝敗が決したわけではないことだ。自動車メーカーがモビリティサービス・プラットフォーマーとなる戦略は、ＭａａＳと継続的な進化が予想されるＰＯＶの両面から進んでいく。ＭａａＳのレベル4の運用領域拡大にはかなりの時間が必要だ。同時に、ＰＯＶの市場拡大も続く。ＩＴ企業と自動車メーカーとの戦いは始まったばかりだというのが筆者の認識だ。

❖自動運転の仕組みと今後の課題

ここで、自動運転の仕組みについて多少触れておきたい。クルマを運転するという行為は、「認知」「判断」「行動」の3つのプロセスからなる。周囲の状況を確認することが「認知」、クルマの行動計画を定めるのが「判断」、アクセル、ブレーキなどを用いて操作することが「行動」となる。人間がドライバーであれば、目で見て、頭で考えて、手足での操作を目まぐるしく、なおかつ同時に実行している。自動運転システムは、「認知」をセンサー、「判断」を半導体とソフトウェア（アルゴリズム）、「行動」を自動操作の機械が人間に代わって行うものだ。

自動運転とは様々な技術の集大成であり、大規模なシステムである。それぞれの重要な技術論があるが、最も基本となる基盤技術は、クルマ自身がどこにいて、周辺の状況がどうなっているのかを正確に把握するセンシング技術だろう。この技術を確立していなければ、スタートに立てない。位置を把握するには、センサーを多用する、カメラのレベルを上げる、あるいは、高度地図情報とコネクティッド情報を頼りにするなど、運用の目的で比重をどこに置くかが変わる。センサーに重きを置くのを自律型、後者をインフラ協調型とも表現できる。POVへレベル3、レベル4の技術を広く普及させるには、インフラ協調型のコネクティッドとビッグデータ基盤の拡充が必要となるだろう。

一方、用途を限定するMaaSであれば自律型でいち早く普及期に入ることができる。センサーリッチな自動運転車ともいわれるが、以下で説明する高度なLiDAR、ミリ波レーダー、カメラなどのセンシング・デバイスが必要だ。機動戦士ガンダムのようにボディ全体にセンサーをまとっている。GMのクルーズAVには、LiDAR5個、ミ

図表5-3●自動運転システム概念と主要構成コンポーネンツ

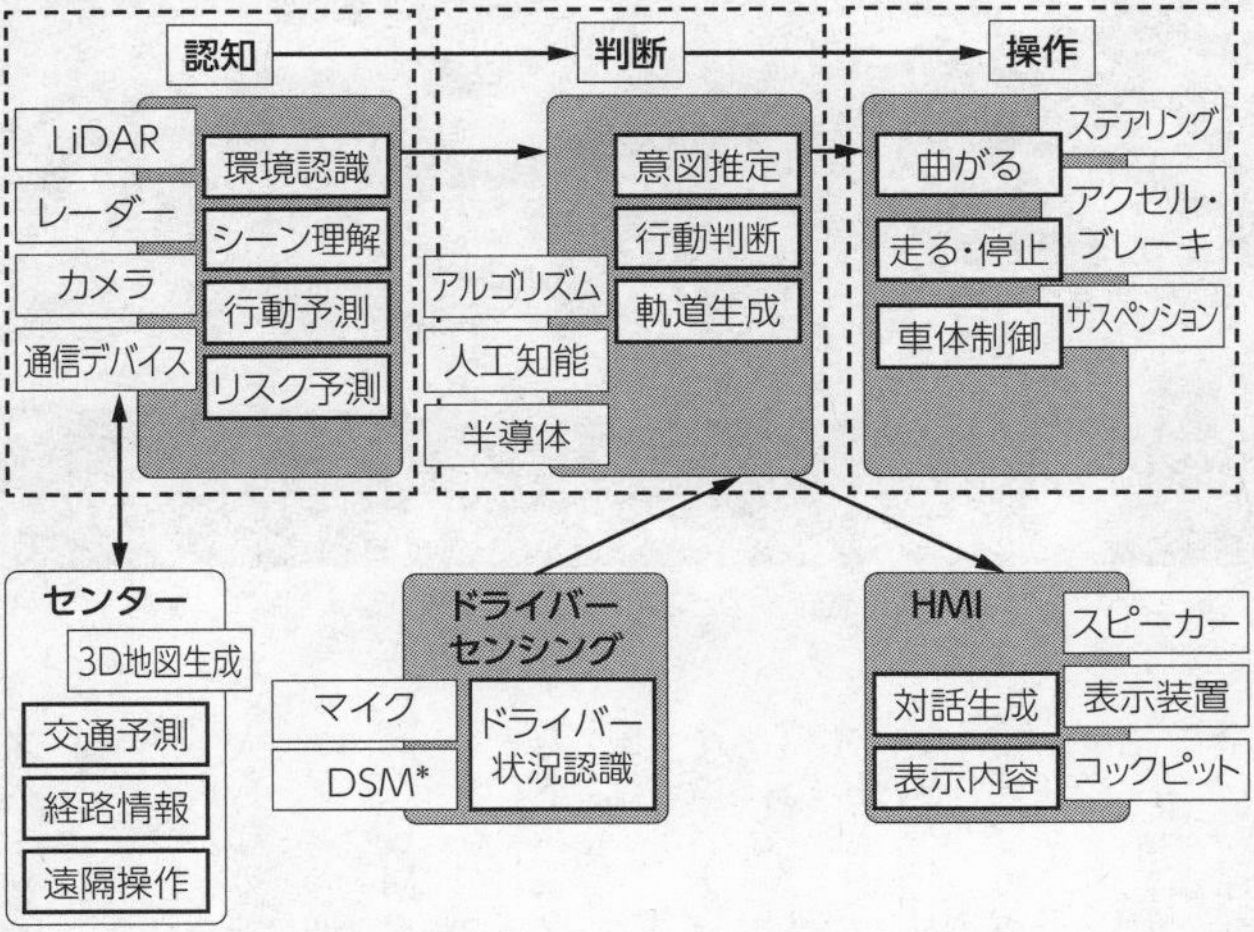

注：*DSM＝ドライバーステータスモニター（ドライバーの状態を監視するシステム）
出所：デンソー資料を基にナカニシ自動車産業リサーチ作成

リ波レーダー21個、カメラ16個を装備し、一部が失陥した場合に配慮した冗長性を持たせたシステムを構築している。

自動運転車の屋根の上で大型のセンサーがグルグルと回っている。これがLiDAR(Light Detection and Ranging、ライダー）と呼ばれる光を用いた赤外線レーザースキャナーである。対象物までの距離を3次元で計測するものだ。現在のADAS搭載のクルマにはレーザーやミリ波レーダーが搭載されているが、自動運転ではより正確に対象物までの距離や対象物間のフリー

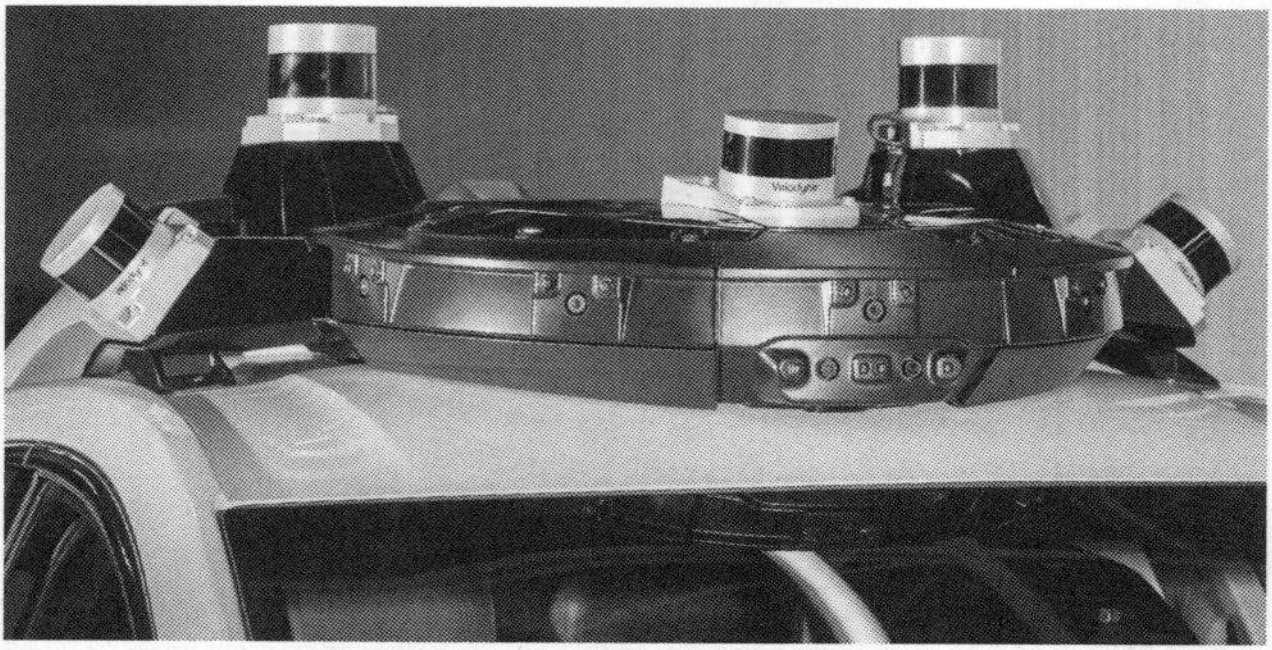

クルーズAVのテスト車両に装備された5個のベロダイン製LiDAR。提供：GM

スペースも検出できるＬｉＤＡＲが不可欠である。

このＬｉＤＡＲのコスト削減が自動運転普及の大きなカギを握っているといわれる。安物ならアマゾンの通販で、1万円ほどで簡単に購入できるが、ＧＭクルーズのテスト車両の屋根に5個載っているベロダイン製の高性能ＬｉＤＡＲは1個2万ドル（220万円）近くする。ＬｉＤＡＲを小型化し、200〜300ドル（2万〜3万円）までコストダウンするための競争が激しく繰り広げられている。高額な機械式ＬｉＤＡＲが、ＭＥＭＳ（微小電子機械システム）やフラッシュなどの全固体ＬｉＤＡＲへ進化できるかどうかも重要なカギである。ルミナー、クアナジーなどのスタートアップ企業も続々と事業化を進めている。

半導体性能は飛躍的な改善が続いているが、完全自動運転を普及させていくには、演算速度、消費電力の低減などの新次元の技術向上が必要だ。近年では、グラフィックス・プロセッシング・ユニット（GPU）と呼ばれる半導体とディープ・ニューラル・ネットワーク（DNN）でアルゴリズムを深層学習するAI技術がカギを握る。2020年までに運用が開始されるMaaS向け自動運転システムでは、この技術に強い米国のエヌビディアが頭一つ飛び出した格好となっている。

DNNは人間の脳と同じ構造の深層学習を行う機械学習の一つで、AI領域の飛躍的な進化をもたらしている。パターンマッチングでの性能の向上は著しく、レベル4モデル実現の大きな契機となった。行動計画アルゴリズムをディープ・ニューラルで学習していくAIアルゴリズムはエヌビディアのDrive PX2プラットフォームが実証中で、急速に学習能力を高め始めている。AI領域では、トヨタ自動車が出資するプリファード・ネットワークスの企業価値が2000億円を超え、ユニコーン企業として注目されている。

しかし、半導体の勢力図が長期的にどのように変わっていくのか、まだ見えてきていないのが実情だ。デンソーは半導体の開発・設計を行う新会社エヌエスアイテクスを設立し、新しいタイプのプロセッサーDFP（Data Flow Processor）を開発している。エヌビディアの次にどこが飛躍してくるか、はっきりとした未来図はわからない。2030年に向けた自動運転技術を支える半導体技術は、今も日進月歩で進んでいる。

2 ● 異業種連合の世界

❖トヨタグループの反撃

自動運転ソフトの開発では、2018年に入りトヨタはグループのティア1サプライヤーであるデンソー、アイシン精機の3社で先行開発を担うトヨタ・リサーチ・インスティテュート・アドバンスト・デベロップメント（以下、TRI−AD）を東京・日本橋に設立した。社長には、トヨタがAI技術の研究・開発を行う研究所として2016年にシリコンバレーに設立したトヨタ・リサーチ・インスティテュート（Toyota Research Institute, Inc. 以下、TRI）でチーフ・テクノロジー・オフィサーを務めているジェームス・カフナーが就任した。AIなどの研究開発を行い、自動運転ではシミュレーション技術などを開発する。

TRI−ADには、トヨタの東富士研究所の自動運転開発チームに加え、デンソーはセンサー、電子制御ユニット（ECU）のハードウェアの技術、アイシン精機は自動駐車システムのノウハウを持ち込む。自動運転ソフトの先行開発をTRI−ADが取りまとめ、センサー、ECUの量産開発はデンソー本体で分担する体制となるだろう。この決定とほぼ同じ時期、トヨタはECUなどの電子部品と電動車両の中枢部品であるイン

図表5-4 ● TRI-ADの出資構造と役割

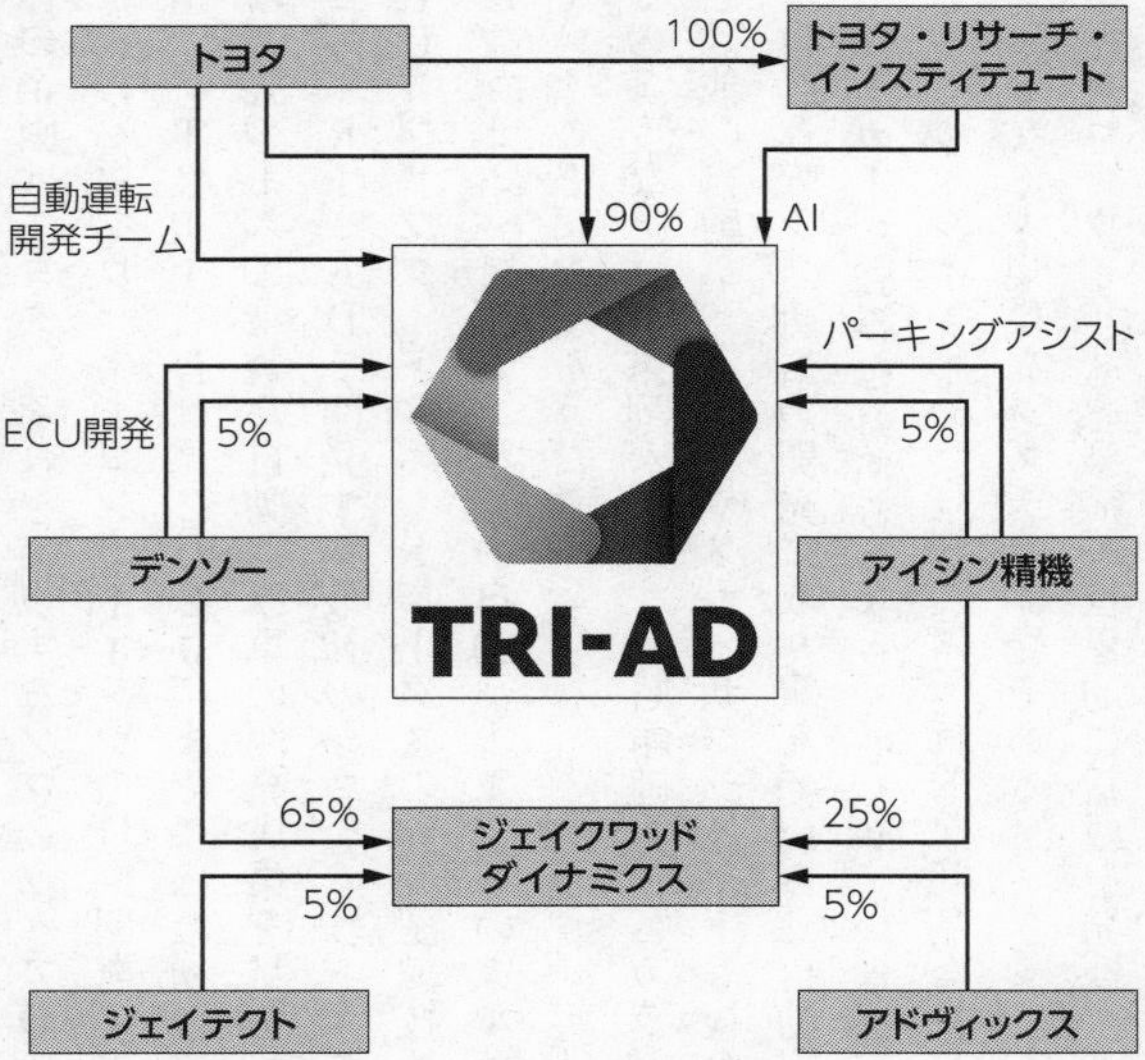

出所：会社資料、各種2次情報を基にナカニシ自動車産業リサーチ作成

バーター（昇圧などを行う電源回路）の開発・製造をトヨタからデンソーに2021年までに完全移管し統合することも決定している。この結果、ハードウェアとソフトウエアともにインバーターの量産開発と生産はデンソーが担当することになる。

　トヨタの意図は、デンソーへの集約によって電子部品事業で規模のメリットを追求し、トヨタ本体の経営資源は上流にあるクルマの価値、サービスの追求に集中することにあるのではないだろうか。モビリティサービスも含めた車両全体の企画はトヨタ、それを実現するソフトウェアの先行開発がＴＲＩ－ＡＤ、機能を受け止めソフトウェアとコンポーネンツの量産開発・生産はデンソーが行うという役割分担だ。ＴＲＩ－ＡＤは、２０２０年までには最初の成果を生み出し、２０２２年までには商業ベースに乗った自動運転車の開発成果を目指している。

このＴＲＩ－ＡＤで開発する最初のシステムは、エヌビディアのＧＰＵ、ルネサスのＣＰＵ、プリファード・ネットワークスの画像認識技術、デンソーのＥＣＵや電子プラットフォーム、アイシン精機の自動パーキングのアルゴリズムなどが結集して開発を進めていくことになりそうだ。

このようなトヨタ系列が集結する日本連合体はガラパゴスだとの批判を耳にする。しかし、他の自動車メーカーやメガ・サプライヤーも複合的な異業種連合を形成し、大規模な自動運転システムの開発に取り組んでいる。自動運転システムとは、「認知」では、電機メーカーが強みを有するカメラ、センサー、高精度地図が必要で、「判断」には半導体やＡＩベンチャー、「行動」は伝統的な部品会社が集結しなければ完成できない、とてつもなく大規模なシステム開発である。

新型コロナウイルス感染症が世界的に猛威を発揮する最中、人々の暮らしや移動、自動車産業の先行きがどうなるのか、大きな不安が台頭している。例えば、グーグルの兄

図表5-5 ● 自動運転システム開発の連合体と主要ユースケース

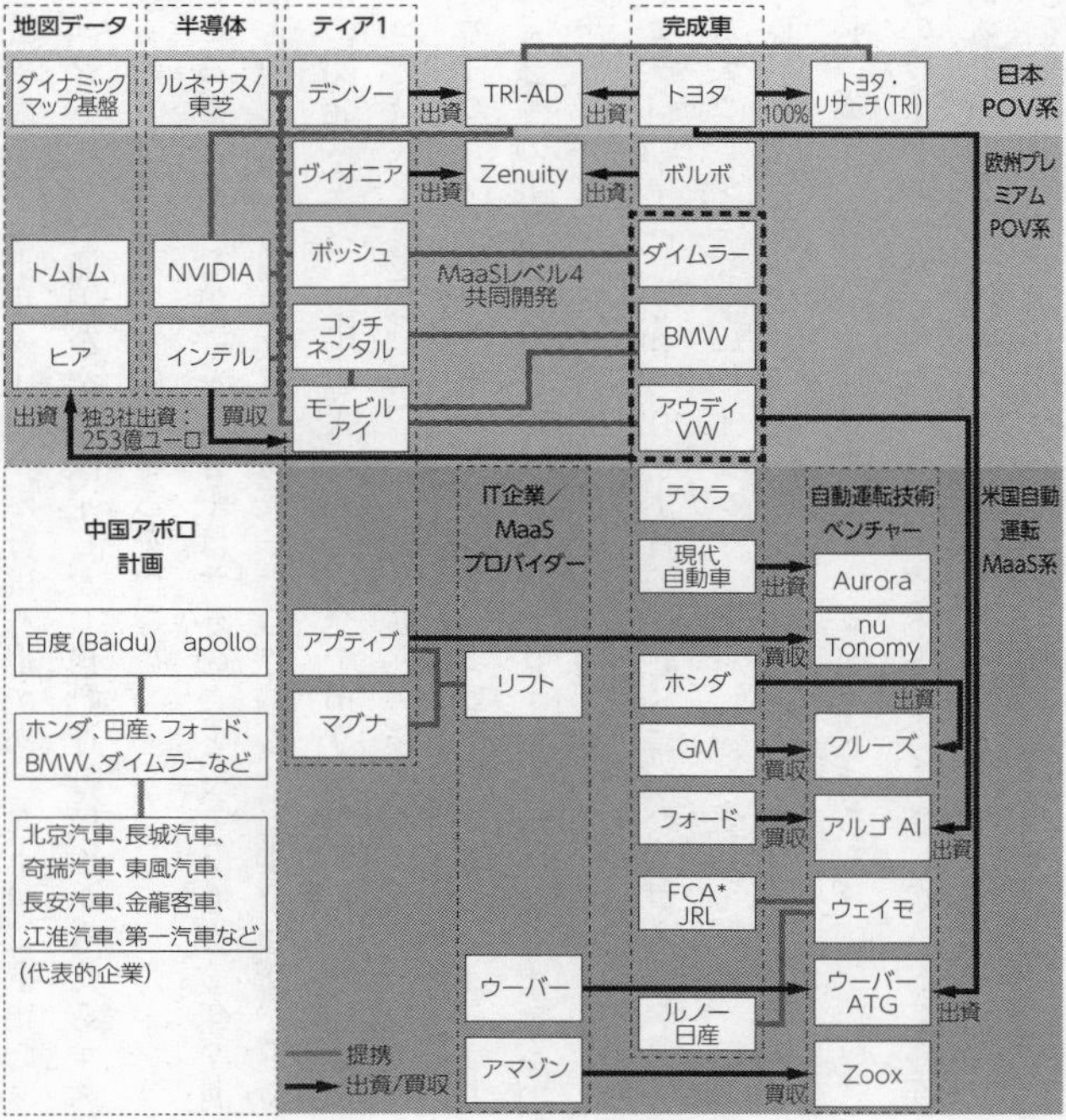

＊FCA：フィアット・クライスラー・オートモービルズ
出所：ナカニシ自動車産業リサーチ

弟会社であるサードウォークラボ社は花形であったトロント市のスマートシティ開発プロジェクトからの撤退を突然決定した。自動運転技術がもたらすスマート社会の未来図に多くの人たちは不安を感じざるを得ない。

ところが、そんな不安を吹き飛ばすかのごとく、2020年7月28日にTRI－ADは驚きの進化と組織の改革を発表したのである。先述の通り、TRI－ADは自動運転技術の開発、実装、市場導入の先行開発を担う組織として発足した。ここにきて、ポストコロナ時代を見越し、事業を一段と拡大・発展させることを目的に、持株会社としての「ウーブン・プラネット・ホールディングス」へ2021年1月に進化する。その傘下に、2つの事業会社として、従前のTRI－ADの開発事業を引き継ぐ「ウーブン・コア」とスマートシティ開発に取り組む「ウーブン・アルファ」が設立される。

トヨタ自動車は、2020年1月のCESにおいてコネクティッド・シティを社会実装する大プロジェクト「ウーブン・シティ」を発表していた。静岡県裾野市のトヨタ東富士工場跡地を利用して、東京ドーム約15個分（約70・8万平方メートル）の範囲でスマートシティを構築する世界的なプロジェクトである。

このウーブン・シティ・プロジェクトとは、まさにCASE革命がもたらす究極の姿であると言えよう。クルマが社会のデバイスとして活躍し、暮らしの質を高め、市民の歓びを生み出すスマート社会を具現化させようとするものだ。ここに込められた重要な狙いは2点あると筆者は考える。第1に、自動運転車技術を突き詰めた結果、自動運転車両が走行する街や道そのものから設計していかなければ、真の安全や歓びへ到達することが困難だとの強い問題意識が生じたことである。第2に、ハードウェアを競争力としてきたトヨタ自動車が、「ソフトウェア・ファースト」を掲げ、ソフトウェアから生まれる付加価値で勝負できる会社に転身しようとしている点だ。

「ウーブン・アルファ」では、ウーブン・シティのアーキテクチャ設計や不可欠なソフトウェア開発をはじめ、アリーン（Arene、車両安全のための要素を包括する、オープンなソフトウェア開発プラットフォーム）、AMP（Automated Mapping Platform、自動運転車両のデータを共有し、高精度の地図を作成、共有するオープンなソフトウェアプラットフォーム）などを手掛ける。油にまみれた従来のトヨタの事業領域をはるかに超えた事業機会を模索することになるのだ。

第8章で解説を加えるが、クルマの付加価値がハードウェアからソフトウェアに移行する未来図が非常に現実的なものとなってきており、テスラの成功はその証左と言える。ハードウェアに長けてきたトヨタでも、ソフトウェア・ファーストの企業文化に変わらなければならない。その最前線としての現場がウーブン・プラネット・ホールディングスと理解すべきだ。

❖自動運転の技術的競争力

実証実験を重ねるウェイモやウーバーが大きく先行し、自動車産業が自動運転技術で劣後しているという懸念を聞くことが多い。しかし、やはり餅は餅屋である。量販車という既存基盤を有することが、自動運転技術における自動車産業の戦いを有利にしているのである。ＡＩと半導体だけではクルマは走らない。

自動運転車は認知、判断、行動の３つのプロセスの連携が必要だ。そのためには、センサー、ＥＣＵなどのハードウェア、センサーとセンサーの融合《フュージョン》、ハードとソフト、ソフトとソフトを連携する複雑な開発と量産技術が必要だ。機能安全や高度なセキュリティのように、単純には表面化しなくても、安心感や信頼性の向上に不可欠な非機能要件もある。そのような複雑な構造を整理し、設計、量産をする段階では、ものづくりの力を有する自動車産業の強みが発揮される。ウェイモやウーバーは自動車メーカーと協業しなければクルマを製造することはできない。破壊者側は、認知に強い、判断に強いなど限定領域の競争力を持っているが、３つのプロセスの統合制御を完成できるのは自動車産業である。

機能を制限し、走行エリアを限定するＭａａＳ領域の車両では、ターンキーの自動運転キットとして、ベース車両が受託製造サービス（ＥＭＳ）から提供される時代もいずれ到来するかもしれない。しかし、そのような形態の自動車生産、販売は全体から見れば小規模だ。生産活動の主体をなすのはＰＯＶであり、この世界では自動車メーカーの独壇場となるだろう。

ただ、ＡＩ技術でウェイモが一歩も二歩もリードしている可能性は高い。事業化で先行し、高精度地図データを作り上げ、自動走行試験を繰り返した既知の地域を先行して拡大できるという点で、やはり有利である。データの蓄積と解析、学習が相乗効果を生み出し、自動運転技術を向上させる。参考になるのが、カリフォルニア州が開示している実証実験の実績報告だ。カリフォルニア州は州条例に基づいて、実証実験データ、事故関連データ、自動運転モード解除（ディスエンゲージメント）の報告を義務付け、報告内容を公表している。

図表5－6は、２０１9年のカリフォルニア公道試験の総走行距離と解除1回あたりの走行距離を示している[6]。自動運転車公道試験の走行距離では、ウェイモが群を抜いており１４５万マイル（２３４万キロ）に達する。これは地球を58周した距離と等しい。2位のＧＭ（ＧＭクルーズ）が83万マイル（１３２万キロ）で近年大きく拡大した。

トヨタ自動車は２０１６年のパリモーターショーで完全自動運転を実現するためには、シミュレーションも含めて88億マイル（１４２億キロ）の走行実験が必要との見解を示した。そうであるなら、ウェイモは２０１８年5月にはすでにこの基準の折り返し地点を超えた50億マイルに到達している。１日あたり３００万マイルのシミュレーションを

図表5-6 ● カリフォルニア州での自動運転実証実験走行距離（2019年実績）

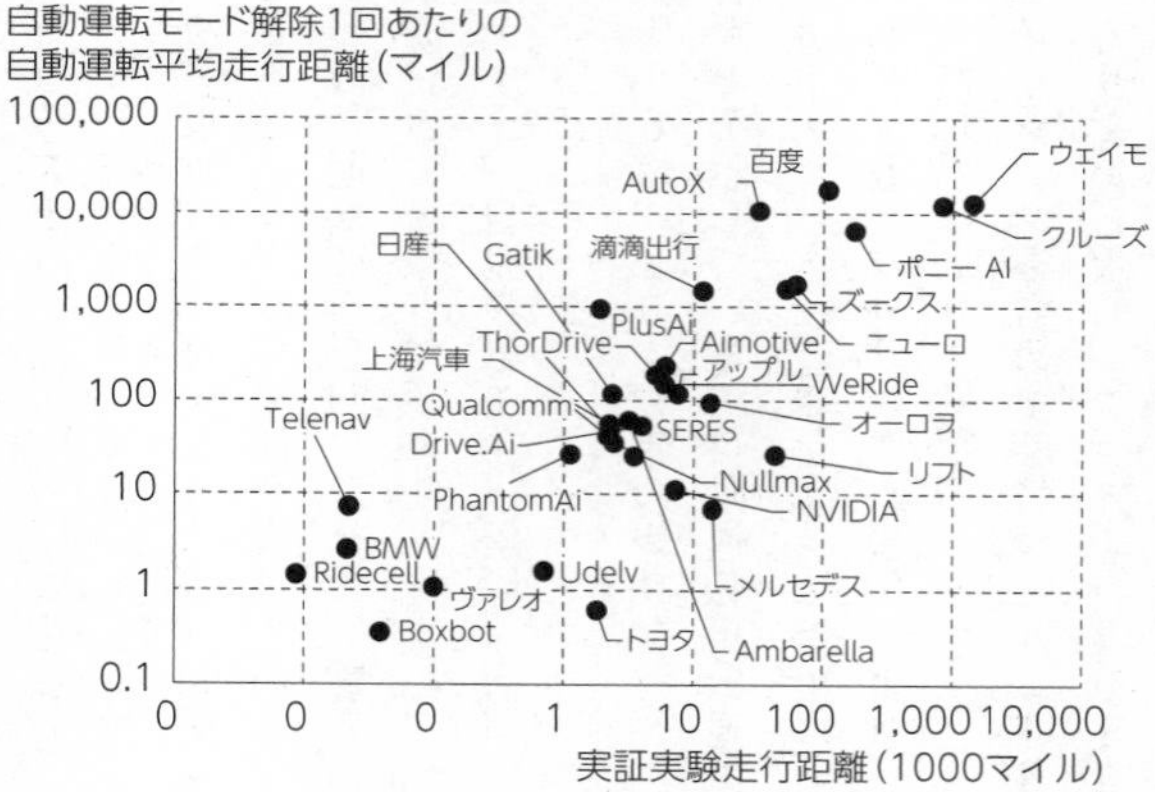

出所：カリフォルニア州交通局

実施しており、早ければ3年程度で88億マイルに達する可能性がある。

自動運転モード解除のデータとは、自動運転中にドライバー席にいる「セーフティ・ドライバー」と呼ばれる運転手が手動運転に切り替えた回数であり、自動運転車公道試験の総走行距離を自動運転モード解除回数で除すことで、解除1回あたりの走行距離が求められる。ここでも、ウェイモがダントツの成績を残している。運転条件の違いやモード解除の条件は各社で一致しないため、厳密に自動運転技術の水準格差を正確に示すものではないが、一つの参考データである。

3 ● How Safe is Safe Enough? ─ 社会受容性の課題

❖ 自動運転社会の課題

自動車メーカーとIT企業の「安全」に対するアプローチは違うと多くの人が感じている。テスラもウェイモも、事故が減るのであれば社会正義であり、その技術は人間より安全であるという思いが強いようだ。自動車事故の90％以上はヒューマンエラーで起きている。AIと高度なシステムが関与する自動運転技術は、ヒューマンエラーが起こしてきた事故を削減することは間違いないだろう。

ところが今度は、従来は起きえなかったシステムが主導権を持つことで生じる事故が生まれるリスクを考えなければならない。テスラやウーバーの死亡事故のように、システムが関与したために起こる事故がどのようなものか、どれくらいの頻度で起こるのか、我々はまだ知らないのである。機械が人を死に至らしめることに社会の許容力がどれほどあるのか、その合意はできていない。

絶対に安全で事故を起こさないレベル4のクルマをつくることは現段階の技術では非常に困難だというのが本書の認識である。「できる」という反論があるなら、それは定義や運用条件が違う土俵の議論を混同させている結果だろう。大切なことは、「できる、できない」の宗教論争ではなく、機械が起こす事故に対する社会的な合意をどのように高めていくかである。

自動車メーカーやIT企業が開発中のレベル4の「高度自動運転車」について、米国のドライバーの73%が「怖くて乗れない」と考えていることが、米国自動車協会（AAA）が2018年4月に実施した調査で判明している。2017年末時点の調査では63%で、高度自動運転車に対する不信感が短期間で大幅に高まっているのである。これは、米国でウーバーの死亡事故も含め、自動運転車の事故が相次いだことによるものだろう。「どれだけ安全なら安全なのだろう "How Safe is Safe Enough?"」は重要な議論なのである。

❖求められる自動運転車の品質の認証制度

自動運転を普及させていくには、技術レベルを高めていくだけでなく、セキュリティの強化、賠償責任などの社会的な課題解決、倫理問題など数多くの課題をクリアしていかなければならない。メディアには完全自動運転の時代が来たという報道があふれているが、普及させるための課題は山積している。

自動運転の技術には、OTAによるソフトウェアのアップデートなどクルマのコネクティッド技術が重要になる。サイバーセキュリティの向上が今後の課題である。自動運転車がサイバーテロで乗っ取られるような事態は、非常に悲惨な結果を招く。米国の国防総省ですらサイバーテロのリスクから免れないとすれば、ハッカーが破れない世界などないのかもしれない。無闇に攻撃の対象とならぬよう、静かにセキュリティ対策を日々向上させていかなければならない。

社会的な課題には完全自動運転車とマニュアル運転車が社会に混在する新しい交通問題への対応、事故での賠償責任問題がある。倫理的な課題は、いわゆる「トロッコ問題」といわれる倫理学的な課題だ。線路を走っているトロッコが制御不能になったとき、前方で作業中の5人との事故か、分岐器を切り替えその先で作業中の1人の犠牲のどちらを選択すればよいのかという思考実験だ。自動運転であれば、乗客と歩行者の命のどちらを優先すべきかとなる。自動運転技術が本格的な社会実装を進めるためには、社会がその答えを見つけなければならない。

事故を絶対に起こさないクルマを設計することが不可能であるならば、何をもって安全と定義するのか。自動運転の起こすどういった事故ならば許されるのかという社会的な合意を形成しなければならない。この自動運転車は安全であるという社会的なお墨付き、いわゆる基準が必要である。

現在、自動運転車の品質に関する認証制度の確立が喫緊の課題となっている。事故分析を将来のさらなる安全性の向上につなげ、完全製造者責任を有限とする認証制度である。オペレーション部分においても、整備不良による事故を未然に防ぐメンテナンスの運用基準も必要だ。こういった基準がはっきりとすれば、100％でなくとも、完全自動運転車の運用地域を段階的に拡大していくことが着実に進むだろう。

自動運転技術の標準化作業は始まったばかりであり、世界的に通用する基準づくりは時間がかかりそうだ。各国の対応もバラバラで足並みがそろっていない。欧州は、ドイツ経済エネルギー省により「ペガサスプロジェクト（PEGASUS RESEARCH PROJECT）」が設立され、アウディ、BMW、ダイムラーなどジャーマン3と産学官の17団体によるプロジェクトが自動運転の安全性評価の定義に取り組んでいる。安全認証プロセスを実現し、ドイツが自動運転の分野で主導権を握ることが狙いにあることは言うまでもない。このプロジェクトは2019年6月に終了し、その成果とともに後継プロジェクトであるSETLevel4to5やVVMethoden等の取り組みに引き継がれた。

一方、米国では連邦法「車両の進化における生命の安全確保と将来的な導入および調査に関する法律（SELF DRIVE Act）」が2017年10月に下院で可決。自動運転車に係る規制は各州が独自に法制化を進めてきたが、米国統一ルールとして連邦法の要件の制定を検討する。安全性基準に関しては、運輸長官が同法施行後2年以内に安全性評価最終規則を発効するとしてきたが、決着は遅れている。安全性が証明されれば、連邦の安全基準に合致していない自動車でも2万5000台まで公道試験を可能にし、「連邦自動

図表5-7●ドイツペガサスプロジェクトの概要

2016年にドイツ経済エネルギー省により設立された、産学官17団体によるプロジェクト。

- 安全性の評価フレームワークを定義することを目的としている。
- 安全認証プロセスを実現することで、ドイツが自動運転の分野で主導権を握ることが狙い。

〈プロジェクト概要〉

- 期間：2016年1月～2019年6月
- パートナー：自動車メーカー（アウディ、BMW、ダイムラー等）、ティア1サプライヤー、研究機関、中小企業、科学機関等（17団体）
- 予算：3,450万ユーロ

〈プロジェクトの目的〉

- 自動運転車両にはどの程度の性能が期待されるのか?
- 要求される性能の達成をどのように確認するのか?

➡自動運転システムのテストと実験における標準化された手順を定義。

➡自動運転機能を保護するための、システムの開発。

➡開発プロセス初期段階におけるテスト条件の統一。

出所：https：//www.pegasusprojekt.de/en/home、内閣官房IT総合戦略室資料

車安全基準（FMVSS）」を自動運転時代に即した形に見直す方向で検討が続いている。

中国は国際条約の縛りがなく、自動運転の運用は緩くなる可能性が高い。北京や上海だけで認めていた公道走行実験は、2018年からどの都市でも可能とした。これまで国営企業に限定していた公道実験を外国メーカーにも広げ、7月にダイムラーの2018年運転車の公道試験が開始されている。

第 6 章

シェアリング&サービス

Connected Autonomous Shared & Service Electric

1●シェアリングエコノミーが提供する価値

❖自動車産業へのシェアリングの波

シェアリングエコノミーがスマートフォンを経由してネットワークに容易につながることで、急速に拡大している。

自動車産業にも以前からシェアリングエコノミーが存在している。代表的なものが、米国のカープール、欧州のブラブラカー（BlaBlaCar）、日本のノッテコ（notteco）である。カープールは通勤目的で1台のクルマをシェアすることで、多人数乗り専用レーン（HOVレーン）を走行し、時間と燃料費を節約できるもの。ブラブラカーはストライキで公共交通機関が機能しなくなったときに生まれ、都市間をシェアリングで移動する現代版のヒッチハイクとして欧州で定着している。

クルマがIoT端末となることで、自動車産業へ、カーシェアリング（以下、カーシェア）とライドシェアリング（以下、ライドシェア）の2つのシェアリングエコノミーの津波が押し寄せてきている。このサービスは、スマートフォンの情報プラットフォームを経由して利便性が飛躍的に高まり、大きな普及期を迎えた。ライドシェアは自動運転技術と融合し、「ロボタクシー」と呼ぶ無人の移動サービスへと進化が始まろうとしている。安全性や許認可など問題はまだ多く残されているが、今後10年の間で、ロボタクシー事業は指数関数的な拡大が期待されている。

❖カーシェアとライドシェアの違い

カーシェアとは、事業者が保有する車両をメンバーへ貸し出す仕組みで、これは「車両のシェア」を意味する。日本ではタイムズ24、欧州ではダイムラーのカーツーゴーが代表的だ。カーシェアには元の場所（ステーション）に戻す往復を前提とする「ステーション型」と、ワンウェイで乗り捨て可能な「フリーフロート型」がある。日本は路上駐車が規制されておりステーション型を中心とするが、欧州ではフリーフロート型が多数派である。

ライドシェアとは、運転手のいるクルマに希望者を同乗させるサービスであり、「移動のシェア」となる。ライドシェアは非営利目的ライドシェアと営利目的ライドシェア（＝配車サービス）に分類できる。非営利目的ライドシェアには、カープールやブラブラカーが該当する。ここではガソリン代などの移動費用を折半することはあるが、ドライバーは基本的に営利目的ではなく規制も限定的だ。

自動運転技術と結び付き、近い将来にロボタクシーへ進化して大きなＭａａＳ市場を生み出すと考えられるのが、営利目的ライドシェアである。代表的な事業者がウーバーやリフトである。スマホアプリを用いて、事業主のプラットフォーム上でドライバーと乗客を営利目的で仲介する。

この事業の呼び名は、非営利目的ライドシェアと区別するために、世界的にライドへイリング（＝配車サービス）と呼ぶことが一般的だが、日本ではライドシェアと呼ぶことが多い。2010年にウーバーが営利目的のライドシェア・プラットフォームを生み出し、多くの個人ドライバーが自家用車を「白タク」として配車サービスする事業が登場した。

頭を悩ましたカリフォルニア州政府は、2013年に彼らをTNC（交通ネットワーク企業）という新しい業態で管理を始め、保険への加入、運転者の身元調査、車両の検査などの規制を実施し、合法的な配車サービスとして法整備したのだ。TNCという呼び方は米国では一般的だが、日本ではTNCと表現する理由はない。すでに一般化しているので、本書では営利目的のライドシェアを「配車サービス型のライドシェア」、あるいは単に「ライドシェア」と呼ぶこととする。しかし、本来は、営利と非営利のライドシェアは分けて考えるべきだろう。

配車サービス型のライドシェアは、本書の読者の中にも利用経験のある方が少なくないだろう。新聞等でも多く取り上げられているので、詳細な説明は割愛したい。出張等でサンフランシスコ国際空港に到着すれば、着陸した直後に手元のスマートフォンでウーバーのアプリから予約することにより、ライドシェア専用ピックアップポイント（利用者の乗車場所）で自分に配車されたクルマに手軽に乗ることができる。タクシーの行列に並ぶ必要もないし、車両もタクシーより清潔で快適だ。サンフランシスコ空港からダウンタウンのザ・リッツ・カールトンまでウーバーXで34ドル程度だ。距離にして約14マイル（約22・5キロ）あり、タクシーで概ね1マイルあたり3ドル以上はかかるところがウーバーなら2ドル強で移動できる。支払いは登録されたクレジットカードで自動精算され、詳細な明細書がすぐに電子メールで届くので、出張精算も楽である。

従来のタクシーよりも安くてより快適との評判から、米国では一気にライドシェアが普及した。クルマを利用しなければ生きていけないのが米国の社会だ。かつては、学生であってもポンコツ中古車でも手に入れないと生活が困難だったが、今はクルマを保有する必要はない。スーパーマーケットに買い出しに行くときは、手軽にウーバーやリフトを使えば用が足りる。

米国では出張先でレンタカーを用いることが一般的だったが、移動ニーズが満たせるならウーバーやリフトを利用するケースが増えている。すなわち、配車サービス型のライドシェアはタクシーからの移行だけでなく、ＰＯＶ（個人所有車）やレンタカーを代替し始めていることは間違いない。ただし、利用1回あたりの支払金額は5～20ドルであり、移動距離は2～10マイル程度のチョイ乗りが多い。

日本国内では、自家用車によるライドシェアは違法であり、配車サービス業者も限定的な規模に留まっているため馴染みが薄いが、世界的に配車サービス型のライドシェアは爆発的な拡大を遂げた。同時に、ウーバー型のライドシェアは社会問題を続発させ、規制当局やタクシー会社との軋轢を起こしてきたことも事実である。

各国は配車サービス型のライドシェアに対する法的な環境整備を進めており、自家用車を「白タク」として配車するライドシェアは規制が強化される方向にある。先進国では自家用車でのライドシェア（ウーバーではこれを「ウーバーX」と呼ぶ）を禁止するケースが増えてきた。タクシー・ハイヤーなどの営業許可を持つプロのドライバーによる配車サービスに移行している。(7)

アジアでは、ウーバーに加え中国の滴滴出行（ディディチューシン）、マレーシアのグラブ（Grab）、インドのオラ（OLA）、インドネシアのゴジェック（Go-Jek）などの事業者が存在し、それぞれ地域特性のある運用が行われている。タクシーインフラがいまだ整備されていない状況がライドシェアの成長を加速化させている。いわゆる「リープフロッグ現象」が起こっており、新興国での普及は速い。

こういったライドシェア会社は、もはや単なる配車アプリを提供する企業ではない。車両とユーザーデータを収集し、AIを用いてリアルタイムで需給予測、車両管理、需給状況に応じて価格を変動させるダイナミック・プライシングを行う、テクノロジー企

図表6-1●ライドシェアをめぐる資本・業務提携関係図

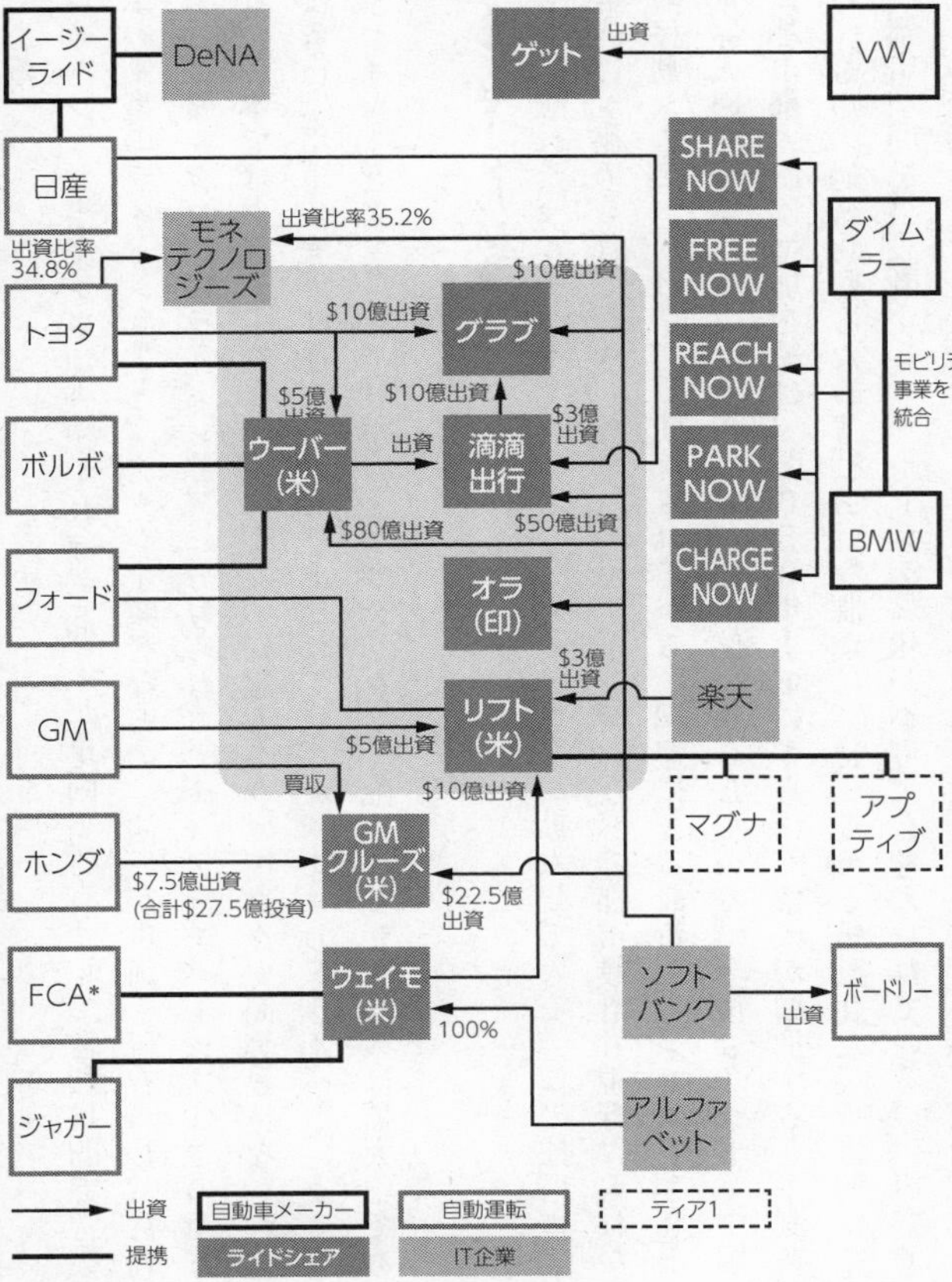

＊FCA：フィアット・クライスラー・オートモービルズ
出所：会社情報、2次情報を基にナカニシ自動車産業リサーチ作成

業である。

ライドシェア事業を単純分類すれば、「個人が車両を所有」して営利目的で営業するウーバー型のライドシェアと、タクシー業者などの「法人が車両を所有」し、営利目的で営業するグラブ型のライドシェアに分けられる。ディディチューシンはこの両方を兼ねる。日本ではタクシー業界の既得権益の保護もあり、白タクと同等と見なされる個人による自家用車の配車は違法として禁止されているが、プロのドライバーによるタクシーやハイヤーをアプリ上で利用者とマッチングして配車するサービスは拡大中である。

❖マルチモーダルMaaS

すでに触れたマルチモーダルＭａａＳへの注目度が拡大している。この技術には多大な可能性が秘められており、将来のスマートシティなどの都市設計も視野に入れた次世代の移動システムへの発展が期待されている。国連による最新データでは、２０１８年の世界人口の55％に相当する42億人が都市部に暮らしている。今後もインド、中国を中心に都市部人口は増加を続け、２０５０年までにさらに25億人が増加すると予測されている。都市の過密化がもたらす社会的な課題は、自動運転と電動化だけでは解決できない。都市空間を再設計するスマートシティ化が不可欠と考えられている。

既存の交通システムとロボタクシーが何も同期させずに混在する都市交通は、混沌とした世界となることは想像に難くない。空港におけるウーバーのピックアップポイントの混雑した状況を見れば、ロボタクシーに進化しても、容易にすべての移動を置き換える社会が訪れるとはなかなか思えない。道路はロボタクシーの乗降で混雑し、新しいタイプの渋滞、混乱、事故など、社会問題を解決するどころか、新たな課題を生み出すだろう。

人間を社会の中心に置き、誰もが自由に安全・安心・快適に移動できる都市環境と交通システムを追求しなければ、根本的な課題解決にはつながらない。AI、交通ビッグデータ等を統合し、従来型の電車、バス、飛行機、タクシーなどの交通手段とシェアリングし、ロボタクシーなどの複数の交通手段を連携させて移動の最適化を図るのがマルチモーダルMaaSだ。突き詰めていけば、クルマは社会のデバイスとなり、社会インフラがMaaSを基に築かれた超スマートシティとなる究極的な未来の姿が見えてくる。

マルチモーダルMaaSは、スイスやフィンランドの取り組みが先行している。スイスはカーシェアの発祥の地であり、人口あたりの普及率は2017年で2・1%と世界でもトップクラスである。余談だが、日本の普及率は1・34%まで上昇しており、近年では欧州先進国並みとなっている(8)。スイスのカーシェア事業は鉄道や次世代型路面電車(ライト・レール・トランジット、LRT)と連携しており、カーシェア会員はICカード1枚で電車からカーシェアへの乗り換えを割引料金で利用できる。

それをさらに近代的に進めているのがフィンランドの交通政策と「ビジョン2050」に基づくヘルシンキの都市政策だ。スカンディナビア半島の東端に位置するフィンランドは森と湖の国と言われ、33・8万平方キロの国土のうち74%は森林、10%は湖水が占める。フィンランドは、この美しい国土を維持するため、将来のモビリティサービスと都市設計の世界的なリーダーシップを取ろうとしている。

フィンランドでは役所が垣根を越えて協調して法改正を実施して交通関連の法律を一本化、交通事業者にオープンデータとオープンAPIを義務付け、MaaSオペレータがデータの収集、加工、提供を容易に可能とするデジタル・プラットフォームを構築している。このプラットフォームで、人、モノを対象にMaaSサービスの提供を始めている。「ウィム(Whim)」はマース・グローバル(MaaS Global)が運営するマルチモーダルサービスのアプリケーションであり、2016年6月から運用を開始し、フィンランドの運輸通信省が助成してきた。スマートフォンのウィムのアプリで簡単に出発地から目的地までの最適な移動手段が提供される。

ウィムではサブスクリプション制を導入しており、現在3つの運賃体系がある。「ウィム無制限」は月額499ユーロ必要だが、公共交通機関乗り放題、タクシー(5キロ以内)乗り放題、レンタカー、カーシェアリングが使い放題のプランとなっている。ヘルシンキ、アムステルダム、アントワープ、ウェストミッドランズ等でサービスを提供

図表6-2●ヘルシンキのウィムの料金プラン

（2018年）

	料金プラン		
	Whim To Go	Whim Urban	Whim Unlimited
月額支払額	無料	49ユーロ	499ユーロ
地域公共交通機関	ペイ・パー・ライド（1）	乗り放題（2）	乗り放題（2）
タクシー（5キロ以内）	ペイ・パー・ライド（1）	10ユーロ/回	乗り放題
レンタカー	ペイ・パー・ライド（1）	49ユーロ/日	乗り放題
レンタル自転車	対象外	乗り放題（30分）	乗り放題

注：(1) ペイ・パー・ライドは利用のつど所定金額を支払う
(2) シングルチケット
出所：マース・グローバルの資料を基にナカニシ自動車産業リサーチ作成

している。2017年には、デンソーとトヨタファイナンシャルサービスがマース・グローバルへ出資している。

自動車メーカーによるマルチモーダルMaaSが、ダイムラーとBMWが主導する「REACH NOW」であり、ウィムと同様に公共交通機関やタクシー、カーシェア、レンタサイクルなどを統合し、都市交通をシームレスにつなぐサービスを提供している。ドイツ国内、アムステルダム、バルセロナ、ヘルシンキの欧州7都市に加え、米国のボストン、ポートランド、オースティン、オーストラリアのシドニーで展開している。

2●ライドシェア2・0の世界

❖トヨタはウーバーと協業しロボタクシーへ参入

ウーバーはアドバンスド・テクノロジー・グループ（ATG）をペンシルベニア州ピッツバーグに設立し、自動運転技術の確立を目指してきた。ウェイモやGMクルーズが仕掛けているロボタクシー事業に対抗するには、自分たちも自動運転技術を確立することが生命線になるとの判断である。しかし、ウーバーの自動運転技術開発はトラブル続きだった。ウーバーは、ロボタクシーの公道での実証実験をATGの地元のピッツバーグやカリフォルニア州で実施していたが、カリフォルニア州の規定の許可を取らずに公道実験を実施したため、同州での公道実験から追放された過去がある。

ライバルのウェイモに先行され、ウェイモからは自動運転技術の盗用で訴訟を受け、AI人材の流出にも歯止めが利かず、かなりの焦りがあったと考えられる。そうした背景のもと、新たな公道実験の場に選んだアリゾナ州テンピで2018年3月、公道実験での走行中に死亡事故を起こした。これはウーバーにとっても致命的な事故だった。結果としてウーバーは、アリゾナ州でも公道実験から締め出された。

図表6-3 ● トヨタ自動車とウーバーが共同開発するライドシェア専用車両

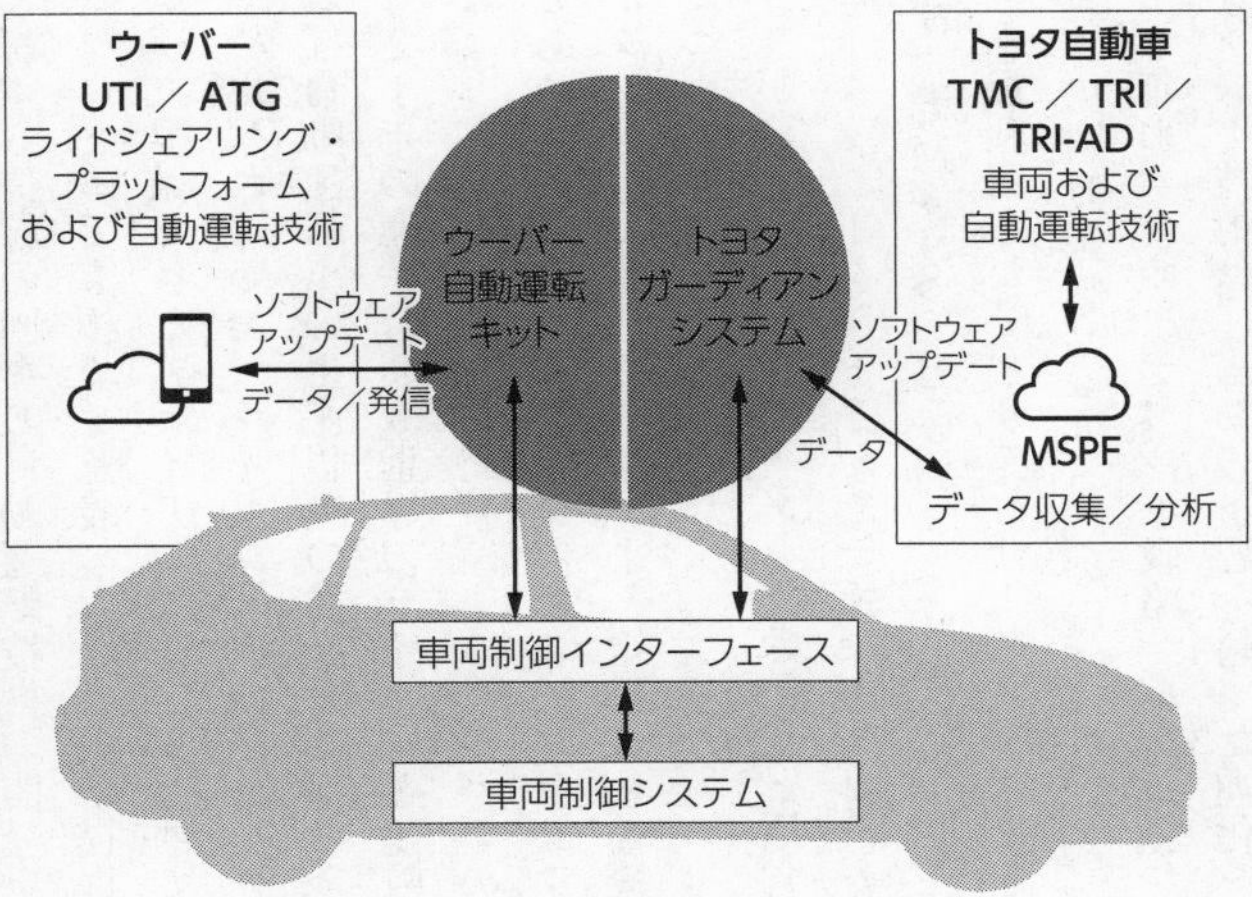

出所：トヨタ自動車資料にナカニシ自動車産業リサーチが一部加筆

自動運転技術の開発で八方ふさがりの状態にあったウーバーに手を差し伸べたのがトヨタだ。２０１８年８月29日、トヨタは５億ドルを追加出資し、両社の自動化技術を搭載したライドシェア専用車両を「シエナ」をベースに共同開発すると発表した。ウーバーの自動運転キットとトヨタのガーディアン（高度安全運転支援）システムを二重搭載した車両を２０２１年にウーバーのライドシェアネットワークに導入する。ウーバーのロボタクシーを日本の「安心・安全」ブランドがサポートする形だ。地に落ちたウーバーの安全性に対する信頼の回復と自動運転技術の開発を加速化させることを可能とする。

トヨタにとっても極めて意義の大きい戦略提携だ。ライバルメーカーが自動運転車の生産規模を担保できるアライアンスを作り上げていく中で、トヨタはロボタクシー開発ではやや出遅れていた。ライドシェアのノウハウを学ぶことはもちろん、ウーバーと連携すれば自動運転車の生産規模の拡大を確保できるだろう。

2021年の開始時期も世界のライバルと比較して、決して遅いものではない。この提携により、MSPFに常時接続するウーバーのロボタクシーの走行データを吸収できる。さらに国内外のタクシー業界にこのロボタクシー技術の提供が可能となる。トヨタはロボタクシーの運営でウーバーと組むことも検討する方向であり、第三者を含む運営会社についても検討する方向だ。

トヨタがMaaSのロボタクシーの製造と運営に踏み込む本気度を示してきた。トヨタはロボタクシーを"Autono-MaaS"と名付けた。これは、自動運転車（Autonomous Vehicle）とMaaS（Mobility as a Service：モビリティサービス）を融合させた、自動運転車を利用したモビリティサービスを示すトヨタの造語である。

トヨタの自動運転MaaSへの戦略は新しいステージに踏み出したと考えられる。2016年に「コネクティッド戦略」を世に発してから4年がすぎた。この間、世界のロボタクシー技術は、当初の予想を超えた進化を遂げたと見られる。トヨタのコネクティッド戦略はより強く自動運転車と結び付き、それがAutono-MaaS戦略として加速化してきたと言えるだろう。

❖GMクルーズの目指すライドシェア2・0の世界

ウーバーとのロボタクシー協業へトヨタを突き動かしたのは、GMクルーズによるロボタクシー事業のスピードを目の当たりにしたためだと考えられる。GMクルーズはシリコンバレーで自動運転技術を開発していたクルーズ・オートメーションを5億8100万ドル（約639億円）で2016年に買収した会社が原型にある。約40人のエンジニアが自動運転の後付けキットを開発していたガレージベンチャーだ。そこからわずか3年もかからず、GMクルーズで自動運転開発に関わるエンジニアは2100人に増大し、GMの自動運転技術を結集して無人ライドシェアサービスを開始できるところまで到達したスピードには驚かされる。

GMクルーズCEOのカイル・ボッグトによれば、現在のライドシェアを「バージョン1・0」とすれば、米国の総移動距離3兆マイルの0・1%の市場シェアしかないという。運転手の人件費が重く、1マイルあたりの平均移動コストはライドシェアで2・5ドル、タクシーは3ドル以上もかかる。現状では、ドライバーに1・75ドル支払い、1ドルの値引きなどの経費を差し引くとライドシェア事業は1マイルあたり約0・25ド

図表6-4 ● GMが描く「ライドシェア2.0」の世界

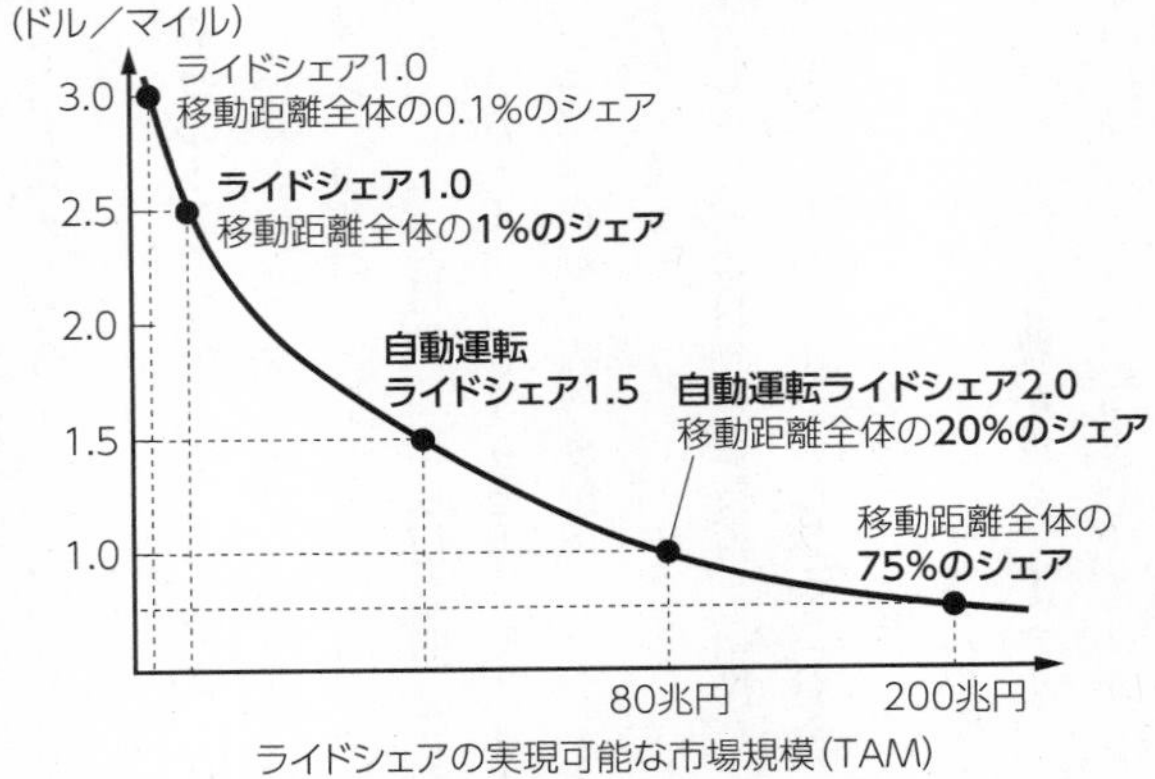

出所：会社資料を基にナカニシ自動車産業リサーチが作成

ルの損失となる。

この1マイルあたりの平均移動コストを自動運転技術の導入で1・5ドルに引き下げれば収支を均衡することができる。さらに、3分の1の1ドルまで引き下げれば、ライドシェアが総移動距離に占める市場シェアは20%まで拡大し、市場規模は80兆円に拡大するという。これが、自動運転技術が生み出す「ライドシェア2・0」の世界である[9]。

そのカギを握るのは自動運転車の信頼性と費用の引き下げである。ハードウェアでは、第5章で触れたライダー（LiDAR）と呼ばれるセンサーの価格だ。現在は一般的に2万ドル（約220万円）もする。これを次世代で

1万ドル（約110万円）以下に引き下げ、将来的に300ドル（約3・3万円）まで引き下げることを目指す。GMはこの目的のためにライダー開発のスタートアップ、ストロボ（Strobe）を買収済みだ。

ただし、GMクルーズの見通しは、楽観的な前提を置いているように映る。「クルーズAV」の車両稼働率が50％と非常に高く、バッテリーのセルコストが100ドル／kWhのレベルだ。これは2030年でも到達しているか疑わしい。最も納得できない部分が、車両の寿命が現在の車両から3倍も延長されるという部分だ。緻密な整備で車両寿命が延びるということはあり得るが、稼働率50％を維持するには航空機並みの車体制御や整備体制が必要になってくる。そのコストは相当なものとなるだろう。

❖ロボタクシー事業は少なくとも2025年頃までは赤字

GMクルーズの役割は、ロボタクシー事業としての直接的な収益性を高めることだけではなく、モビリティビジネスを拡大させるプラットフォームの確立にあるとGMは位置付けている。例えば、GM本体は自動運転キットの供給、ロボタクシー車両の開発・販売で収益を上げる方向性を明確にしている。さらに、GMクルーズが目指す4つの事業領域を定義しており、①無人配車ライドシェア（ロボタクシー）、②車中でのユーザー体験のマネタイズ、③データビジネス、④物流ビジネスを展開する。ユーザー体験のマネタイズやデータビジネスには大きな可能性がありそうである。

ただし、現段階でロボタクシーの収益性や事業性を見通すことは容易ではない。稼働率、メンテナンスコスト、耐久性など、実証実験結果に関する開示が限られている。保険制度から各地域の許認可も含めて法整備の進捗スピードもよくわからない。そういった制約が大きい中で、シミュレートした結果が図表6－5である。

車両単価25万ドルから始まり、毎年10％のコスト削減を実現できるとする。車両使用期間4年で定額法の減価償却、残価価値ゼロとする。開始時のサービス単価を1マイルあたり2ドルとして、毎年5％ずつ下落する。こういった条件では、2030年に車両単価が600万円、ロボタクシー利用のサービス単価は1マイルあたり1ドルに接近している将来シナリオをイメージしている。ライドシェア2・0の世界に接近しているはずだ。ここに、稼働率の変数を入れ、弱気、中立、強気のシナリオ別でのビジネスモデルを試算した。

強気のシナリオ通りに進展すれば、この事業の爆発的な企業価値は目を見張るものとなるだろう。基本的に装置産業であるため、ロボタクシーの台数が増大し、稼働率が維持できれば、面白いように儲かるはずだ。しかし、いずれのシナリオでも、無人配車ライドシェア、ロボタクシー単独では、2025年まで事業は赤字となる可能性が高い。キャッシュフローは長期にわたり赤字であり、相当の財務基盤を持たなければ持続が困

図表6-5●ロボタクシー事業の収益性分析

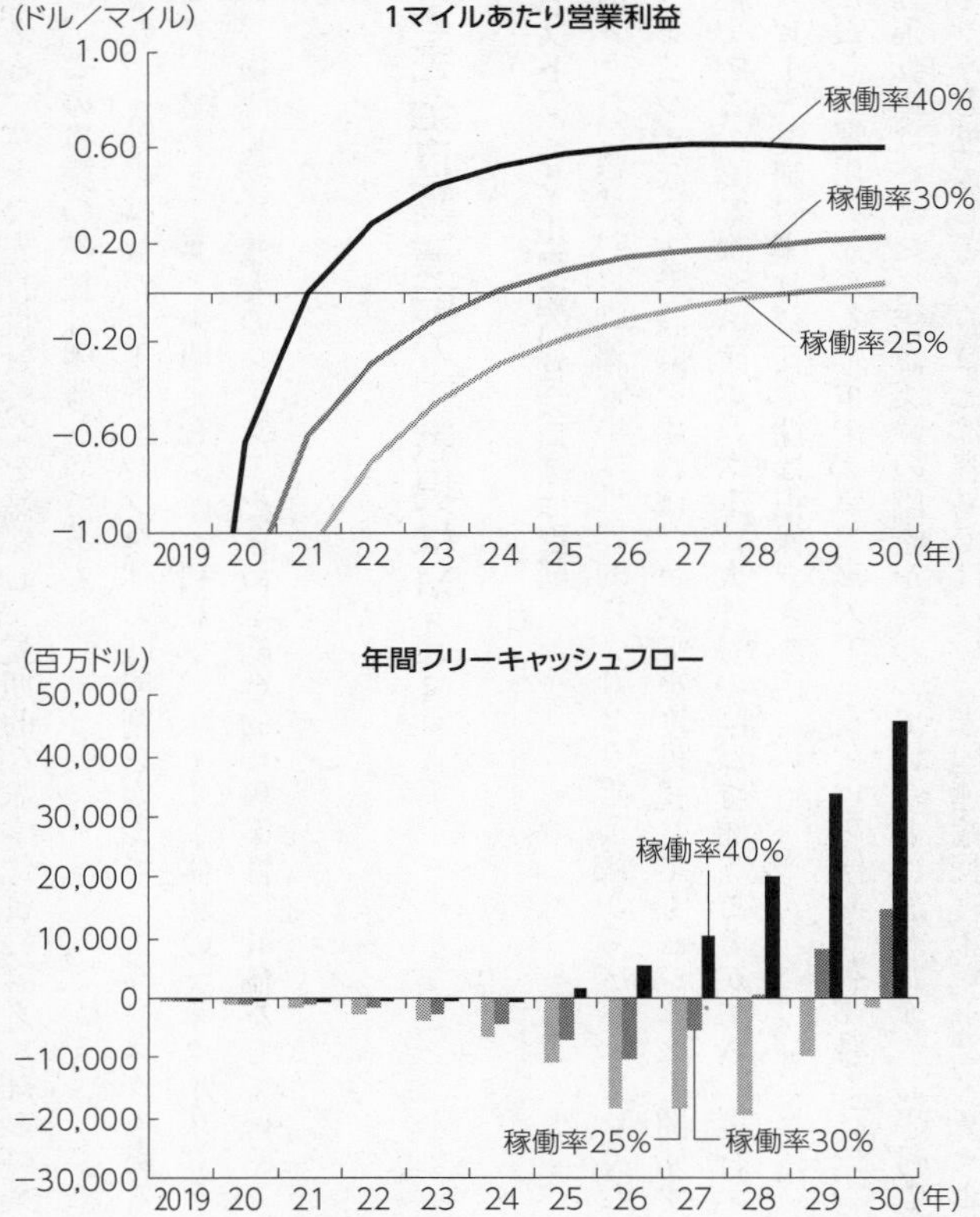

注：2030年までに10万台の稼働台数、1マイル＝2ドルが年率5%で低下、車両価格20万ドルが年率10%で低下、ライフ4年、残価ゼロを前提。
出所：ナカニシ自動車産業リサーチ

難である。莫大な先行投資資金を確保し、長期的な赤字体質に耐えられる事業体でなければ、この事業の継続は困難なのである。

また、1件の事故がロードマップ全体の時間割を変えてしまうリスクもある。ハードウェア、ソフトウェアの開発と生産の利益や、ユーザー体験のマネタイズ、データビジネス、物流ビジネスとのシナジーを含めて総合的に事業性の評価をしていくことが重要である。

3●完全自動運転の主戦場はMaaS

❖ラストワンマイル交通の社会実装は目前

MaaSの領域の自動運転車は世界的に2020年前後から広がっていくだろう。センサーリッチなクルマ設計をすれば、コストを度外視してもビジネスを開始することは可能である。高額なシステムコストは人件費の削減で賄うことができ、運行エリアや運行スピードを制限すれば安全性は担保できる。

ただし、運用を認める都市が一気に拡大できるか否かは意見が割れそうだ。なぜなら、自動運転車はいまだに実証実験の段階が終わっているとは思われず、お墨付きの公道実験を堂々と拡大していくことは容易ではない。米国運輸長官イレーン・チャオは自動運転技術の開発と採用を妨げている連邦規則の改正に積極的に取り組む姿勢を示しているが、「安全が第一」にあることも認め、規則改正の取り組みは数年に及ぶ可能性もあることを2018年1月の北米国際自動車ショーで示唆している。

過疎地での無人運行バス、公共交通機関からのラストワンマイル交通、宅配ピザのような物流での一定のルート配送などは、中期的に有望な自動運転MaaSのユースケースとなるだろう。ただし、無人配車ライドシェアで「どこまでも、いつまでも」が実現するのはまだ遠い先の話となる。

ラストワンマイル交通の社会実装は目前に来ており、様々な社会問題を解決できる可能性にあふれていることを認識することは大切だ。これは、最寄り駅から自宅のような最終目的地までの数キロ（ラストワンマイル）を無人の自動運転車が走行する民間事業の交通システムだ。

フランスのイージーマイル（Easymile）は自動運転シャトルバス開発会社で、現在12人乗りの自動運転バス「EZ10」を製造し、実証実験を重ねている。EZ10は、走行スピードが時速20キロ、最高速度が40キロ程度で14時間ほどの継続走行が可能だという。

コンチネンタル、日本のDeNA、パナソニックが資本提携を実施しており、2020年までにはロボシャトルとして社会実装される可能性が高い。また、パナソニックが進める米国コロラド州デンバーでのスマートシティ計画では公道実装が検討されている。

イージーマイルとコンチネンタルが開発する無人運転モビリティ。提供：コンチネンタル・オートモーティブ

同じくフランスのナビヤ（NAVYA）は15人乗りの自動運転バス「ナビヤアルマ（NAVYA ARMA）」を開発・製造しており、あらかじめ設定したルートを自動走行する。２０１７年からスイスのヴァァレー州シオンで公共交通として導入済みで、さらに、米国、日本、オーストラリアなどでも試験走行が実施されている。

❖社会問題解決の重要な役割

国内でも、ラストワンマイル自動走行が社会実装される段階に差し掛かっている。経済産業省、国土交通省は２０１６年から、ラストワンマイルを運行する端末交通システムの社会実装を実証実験してきた。国策として、自動運転技術の社会実装で世界に先行し、技術と事業化の両面で世界最先端を目指していく考えである。

日本のロードマップはほぼ欧州と同レベルで進

捗させる考えだ。具体的には、乗用車領域では、2020年までに高速道路でレベル3、一般道路でも主要道路で直進運転のレベル2を実現し、2025年頃には右左折を可能にする環境を拡大する[10]。

MaaS運用では、社会ニーズが強い地域や経済性の成立しやすい地域を選定し、2020年にはレベル4での無人交通システムの社会実装を目指す。順次、レベル4が可能な導入地域を拡大する考えだ。本質的に自動運転技術を最も求めているエリアは公共交通が貧弱な地方であることは間違いないだろう。そういったニーズに対し高額なセンサーと半導体の固まりであるロボタクシーを実装していくことは容易ではない。

自動運転技術を用いたモビリティシステムには巨大な開発投資負担と先行する赤字を支え続ける仕組みが必要だ。ソフトウェア、ハードウェアの技術の確立と、多くの新興企業も巻き込んだエコシステムの確立を目指していかなければならない。

公共交通としての社会基盤構築も視野に入れる必要がある。過疎化が進み、公共交通サービスを得られない地域に向けて、コストを抑えた交通サービスを提供する柔軟性も重要だろう。ドライバーがいない自動運転専用車両にこだわらず、レベル3で運用することで廉価に抑えて実用を早めていくことが可能となる。

日本は世界最先端を行く少子高齢化社会であり、過疎化の問題も深刻である。地方で暮らす高齢者や公共交通弱者の社会問題を解決する手段として自動運転MaaSには重要な役割がある。誰もが移動の自由を享受できる幸福な地域社会を提供することは自動車産業の使命であるだろう。フィンランドのMaaS、フランスのロボシャトルともに、日本が目前に必要とする技術である。日本は失敗を恐れずに、理念を持って社会を良くする改革を打ち出していく意識改革が必要だ。

❖MaaSとPOVは両立しながら移動ニーズを満たす

クルマの保有と共有の経済的な合理性は、年間の移動距離でほぼ決定される。デロイト トーマツ コンサルティングの試算では、年間1・2万キロ以上の移動距離があればクルマを所有したほうがお得であるが、それ以下であればカーシェアを利用したほうが経済的にコストは低くなる。もっと移動距離が短いのであれば、タクシーを使うのが得となる。こういった理論通り、1・2万キロ未満しか移動しない世帯が自動車の保有を諦める動きが本当に起こったら、自動車保有台数に与える影響は甚大だろう。しかし、移動距離だけで保有か共有かを決めるわけにはいかない。

移動距離が短く、保有コストも高い都市部では、経済性と利便性から保有を放棄し、共有で移動を賄うことが増加してきた。一般論として、人件費の高い国ではカーシェア、低い国ではライドシェアが拡大する傾向が強い。欧州ではフリーフロート型の利便性が高く、カーシェアの普及が進んできた。日本では路上駐車が基本的に認められないためフリーフロート型の普及は困難である。ステーションまで歩いて移動することを考慮すれば、自宅から200メートル以内にステーションがなければ不便を感じるし、希望のクルマがいつでも利用可能とは限らず、クルマの中にゴミが残っているなどの課題もある。

クルマの保有には単なる移動だけでなく、複合的な理由があるはずだ。いささか突飛な話になるが、ハリウッドのホラー映画のエンディングは、襲いかかる化け物をピックアップトラックで倒すシーンが多い（その前に必ずキーを床に落とすカットでハラハラさせる）。そんなときにステーションまでクルマを取りに行ったり、ウーバーを呼び出して協力してもらうというわけにもいかない。

もう少し真面目に言えば、災害の多い日本では、保有車両というものは暖をとったり、スマートフォンを充電したり、緊急ニュースを聞く、いざというときの命のシェルターでもある。可能な限り、1台のPOVは手元に置きたいという需要は底堅いだろう。

MaaSの普及によって、移動の自由が増えコストが低下するのであれば、移動のユースケースは増大し、移動距離が増加する可能性が高いという筆者の考えを第3章で示した。移動距離の成長率が上昇すれば、POVの保有構造に2030年前後では際立った影響がない試算も示した。保有か共有かの二者択一ではなく、MaaSとPOVは両立しながら移動ニーズを満たしていくシナリオが濃厚と見るべきだろう。

第 7 章

電動化

Connected **A**utonomous **S**hared & Service **E**lectric

1●VW不正で欧州の窮状が露呈

❖VWの復活への狼煙《のろし》

ディーゼル不正の発覚から2年が過ぎた2017年9月のフランクフルト。VWグループはモーターショーで恒例のグループナイトを開催していた。事件後は、目立たぬように細々と行ってきたが、米国連邦政府と念願の和解が成立したことで、屈辱に耐えてきたVWは、復活への狼煙を上げるときがきたのである。

「自動車業界の変革は、止めることができないものです。私たちは、この変革を主導していきます」

当時のCEOであったミュラーは高らかに宣言し、「ロードマップE」と名付けたVWグループの電動化戦略を打ち出したのである。「ロードマップE」の骨子は次の5つである。

① MEB（量販車）とPEA（高級車）の2つのEV専用プラットフォームを開発する。

② 2025年に200万~300万台のEV販売を目指し、そのうちVWブランドは100万台。グループ全体の25%をEVに転換する。

③　2025年までに30車種のEVモデルを市場へ投入する。2030年までに全300モデルにEVモデルを設定する。

④　購買する電池は2025年で150ギガWh／年。2030年に向けて200億ユーロ（約2兆6000億円）をVWグループは電動化に投資する。

⑤　サプライヤーからの購買契約は500億ユーロに上り、過去最大の購買政策とする。

150ギガWh／年といえば、テスラがネバダ州に建設したギガファクトリー級の工場が4カ所も必要な規模である。500億ユーロ（約6兆5000億円）の購買政策は凄まじい金額であり、その影響は車載電池の生産に必要な希土類の調達からリサイクルまでの広範なサプライチェーンに及ぶだろう。投資スパイラルが新たな負荷を地球環境にもたらすのではないかと危惧するほど、VWグループの話はあまりに大きい。

「この大波（＝EV化）に乗らなければ負けますよ、こちらに来れば救われます、皆さんお布施をお願いします（＝設備投資をしてください）」とどこかの新興宗教の布教のようにも聞こえた。

❖ダイムラーは逆の戦略を語る

同じ頃、ダイムラーはEVへ警鐘を鳴らしていた。シュツットガルトに世界の機関投資家やアナリストを集め、ダイムラーは1日がかりの投資家向け戦略説明会を開催していた。その場で、ディーター・ツェッチェCEOは将来の収益性へ警告を発した。

「電動車の収益性は、内燃機関（ガソリンやディーゼルなど）搭載車の半分以下に留まるだろう。2025年までに50万台のEVやプラグイン・ハイブリッドなどの電気モビリティ販売を実現させるなら、ダイムラーの営業利益率は2％ポイント以上は悪化するだろう」

現場にいた機関投資家たちは「さもありなん」とそう驚くこともなく受け止めた。メルセデスというプレミアムブランドを持つダイムラーですらそれほどの負担があるならば、大衆車セグメントの自動車メーカーが収益の点で悲惨なことになるのは想像に難くない。

VWの雄叫びをまるでかき消すかのように、ダイムラーはモーターショーで真逆の戦略を語った。ダイムラーはディーゼルエンジンに30億ユーロ（約3900億円）の投資を行い、クリーンで高効率のエンジンとして今後も育成する方針を示す。ハイブリッド燃料電池車である「GLC F-CELL」の生産モデルのお披露目をあえてEV狂騒のさなかにあるフランクフルトで行ったのは、ダイムラーの意地だろう。

ツェッチェCEOは「1つのパワートレインに依存することは環境負担が大きく、望ましくない。電動車、エンジン車、そして燃料電池車の3本柱を将来の有望なパワートレインとして我々は捉えていく」と主張したのである。

ダイムラーは、電動化対策をバランスよく進める考えだ。2022年までに、EV、プラグイン・ハイブリッド、48ボルト・マイルド・ハイブリッドを含め、50モデル以上に電動パワートレインを導入し、そのうち10車種をEVとする。小型乗用車ブランド「スマート」は2020年までに全モデルをEVに切り替え、都市型コミューター市場の需要を喚起していく考えである。

日本の報道ではVWの雄叫びが中心だったが、ドイツ大手3社の環境技術に対する思想はかなり違う。EV革命の旗手として中国パートナーとともに過激なゲームチェンジを推し進めようとするVWに対し、ダイムラーは秩序ある段階的な変革を提案している。BMWは自分たちこそがEVのリーダーと言いながらも、収益性を重視しながらブランド価値の創造と電動化戦略の相乗効果を模索し、オンリーワンな世界を目指しているように見える。

欧州自動車産業には、EVに真剣に取り組まなければならない3つの理由がある。

第1に、VWのディーゼル不正に端を発し、排ガスによる大気汚染の環境問題が社会的、政治的に深刻な問題となってきている。問題の張本人として、欧州自動車産業は世論、政府、環境団体、株主などが納得できる解決策のロードマップを示す義務を負っている。

	ストロング ハイブリッド (HEV)	プラグイン ハイブリッド (PHEV)	電気自動車 (EV)	燃料電池車 (FCEV)
	●	●	●	●
	●	●	●	●
	●	●	●	●
	●	●		●
	●	●		
		●	●	
				●
	●	●	—	—
	●	●	—	—
	●	●	—	—
	●	●	—	—
	25%	—	—	—
	＋＋	＋＋	—	＋
	＋＋	＋＋＋	＋＋＋＋	＋＋＋＋
	高電圧でモーターを駆動することで、燃費性能、走行性能、コストのバランスに優れるが制御技術が難しい	電気自動車とハイブリッド車の長所を併せ持つ存在であり、短距離であればガソリンを使用しない	電気のみで走行することでCO_2を排出しないが、航続距離、充電時間に弱点	航続距離が相対的に長く水素の充填時間が短い
	日本、米国での成長が見込まれるが、それ以外の地域では普及が遅れる	欧州、中国での販売成長が望める一方、大衆車ではコスト競争力に課題	ZEV/NEV規制、CAFE規制対応で、欧州、中国での販売成長が見込まれる	水素ステーションの構築、水素燃料の安定供給の実現が不可欠で、普及には時間が必要
	ハイブリッド化への費用は、約30万円以上が必要。相対的にコストが高く、高度な制御技術を要する	相対的に大量の電池とエンジンの双方を必要とするため価格が高い	電池コストは低下しているが、ガソリン車価格に接近するにはまだかなりの時間が必要	コストが非常に高く、水素の製造、輸送、貯蔵のコストと技術に課題が多い
	25万〜35万円	約100万円	100万円以上	500万円以上

図表7-1 ● 電動車両の類型と特性

	システム名称 (表記)	12V-マイルドハイブリッド (MHEV)	48V-マイルドハイブリッド (MHEV)
システム	モーター	●	●
	インバーター	●	●
	バッテリー	●	●
	燃料タンク	●	●
	内燃機関（エンジン）	●	●
	充電器		
	スタック		
ハイブリッド機能	アイドリングストップ	●	●
	エネルギー回生	●	●
	モーターアシスト	●	●
	モーター走行		
	燃費改善効果（対ガソリンエンジン比）	5%	10〜15%
特性	航続距離（ガソリンとの比較）	＋	＋
	CO_2排出量	＋	＋＋
	特徴	クルマの電装品の標準電圧の12ボルトをそのまま使う簡易型ハイブリッド	電装系の電圧を「48ボルト」に高めたマイルドハイブリッド
	市場性	小型車、新興国を中心に普及が望める	欧州、中国での販売拡大が見込まれる
	コスト	既存の12ボルト電源を使用し、低コストでハイブリッド化を可能とする	既存エンジンに追加搭載するのが容易で、幅広いシステムの特性を設定できる
	追加費用（ガソリン車に対し）	5万〜8万円	10万〜25万円

出所：ナカニシ自動車産業リサーチ

第2に、パリ協定（COP21）の主催地域として、温室効果ガス（GHG）削減を実現する模範的な行動が求められ、政策を推進する責務を負っている。

第3に、自動車産業自体の思惑もある。2021年の企業平均燃費（CAFE）95g／kmは、ディーゼルがさっぱり売れなくなったために達成に黄信号が灯っている。短期的にEV普及を煽り、少しでもCAFEへの対応を有利に運びたいという台所事情がうかがえる。

2●環境問題の試練に直面する自動車産業

❖COP21とWell-to-Wheel（井戸から車輪まで）の重要性

世界の環境問題意識とは、①大気汚染を解消するための「排ガス問題」、②地球温暖化対策である二酸化炭素（CO_2）を中心とする地球規模の「温室効果ガス（GHG）排出問題」、③枯渇する化石燃料に代わる「次世代エネルギー問題」という3つの方向軸がある。

排ガス問題には、「Euro6」のようにNOxなどの有害物質を一定水準以下に浄化することを義務付ける規制がある。GHG排出制限とは、2015年のパリ協定（COP21）で取り決めた「産業革命以前に比べて気温上昇を2度未満に保ち、世界の温室効果ガス排出量をピークアウトさせる」という地球規模の、未来の子孫のための約束である。その約束を実現するため、クルマのテールパイプから排出するCO_2を抑える燃費規制があり、排出総量を平均で算定する企業平均燃費（CAFE）で規制することが一般的である。後述するが、欧州と日本ではテールパイプからだけの排出量を規制するのではなく、LCA（ライフサイクル）やWtW（Well-to-Wheel、井戸から車輪まで）など全体の排出量で規制する方向に変化してきた。

次世代エネルギー車の普及は、CAFEを達成する過程で段階的に進むものと、米国カリフォルニア州のゼロ・エミッション車（ZEV）と中国の新エネルギー車（NEV）規制のように、一定比率を強制的にZEVへ置き換えていく2つのアプローチが同時に進む。ZEVやNEVにはEV、プラグイン・ハイブリッド、燃料電池車が含まれ、日本が得意としてきたハイブリッドは外されている。

こういった規制の秩序を破壊したのがVWの不正である。ディーゼルが苦境に陥ったのはもちろん、排ガス規制試験の厳格化や「実路走行試験（RDE）」と呼ばれる試験も導入され、一世を風靡した過給ダウンサイジング・ガソリンエンジンの競争力も減衰させてしまった。ガソリンエンジンは、排気量を増大するアップサイジングが必要になってきている。クルマは大型化、エンジンも大型化され、車両重量の増大を招き、これがCAFE対応を苦しめるという悪循環に陥っている。

この打開には、動力源として電気への依存度を上げるしか逃げ道がないのである。しかし、EVは自ら発電するわけではなく、発電所などで発電された電気を車載の2次電池に充電して走行する。このためGHGの排出量は、電気を起こす1次エネルギー（化石燃料、原子力、再生可能エネルギー）の3つのエネルギーの利用構成、いわゆるエネルギーミックスによって大きく変わってくる。

EVのGHG排出量は「CO_2排出係数」（1kWhあたりのCO_2排出量）とEVの「電費」（1キロ走行に必要な電力、Wh／km）の積算で求められる。例えば、日産リーフの電費が19・4kWh／100km（194Wh／km、注：WLTPサイクル、16インチベース）とすれば、日本（排出係数540g／kWh）で走れば1キロあたりのCO_2排出量は104g、石炭火力発電の割合が高い中国（657g／kWh）では127gとなる。原子力発電依存度78％のフランス（46g／kWh）では89gに留まる。

これが、1次エネルギーまでさかのぼる「ウェル・ツー・ホイール」（WtW）という考え方である。井戸（ウェル）からエネルギーを取り出し、車輪（ホイール）でクルマが実際に走行するまでにどれだけCO_2を発生させるかというものだ。EVが地球環境に優しいかどうかは、エネルギーミックス次第である。欧州ではEVは大きな解決策となっても、排出係数の高い日本、中国、インドでは環境問題の解決に向けた完全無欠な出口戦略とはならない。WtWに基づき内燃機関の性能アップ、プラグイン・ハイブリッド、燃料電池車等の技術をバランスよく普及させようという主張は、合理性の高い考え方なのである。

❖ 2つに割れる世界の環境規制の方向

欧州委員会（ＥＣ）は２０１７年11月に２０２１年以降の燃費規制の提案書を公表しており、乗用車へのＣＡＦＥ規制値は２０２１年のCO_2排出規制値95ｇ／㎞（ＮＥＤＣベース）に対し、２０２５年の中間暫定目標は２０２１年目標値比15％削減（約80ｇ／㎞）、２０３０年の最終目標は同30％削減（約68ｇ／㎞）を求めていた。一方で欧州議会が２０１８年10月に40％減の案で可決するなど、環境に傾いた政策が及ぼす影響が懸念されてきた。最終的に、２０２５年に15％減、２０３０年に37・5％減の基準値で合意に達した。政治主導による厳しい目標値の設定に対し、自動車業界は大いに失望を隠せなかった。

中国版ＣＡＦＥでは、従来の１６０ｇ／㎞を２０２０年に１１６ｇ／㎞へ改善することを目指す。インドでは２０２２年に１１３ｇ／㎞の厳しい規制を開始する。日本も２０１９年に3月に、乗用車の２０３０年度燃費基準を策定し、２０１６年度実績値19・2㎞／リットル（ＷＬＴＣモード）と比べて32・4％改善する25・4㎞／リットルを定めた。世界的に先行する欧州規制と歩調を合わせ、ＣＡＦＥ規制値を引き下げていくトレンドがある。

しかし、欧州の動きとまったく反するのが、トランプ政権が進める燃費規制の緩和である。2018年8月、オバマ政権下で定められた米国の燃費規制策（2025年型車まで50マイル／ガロン、つまり約21km／リットル以上となるよう、各年で段階的にCAFEを引き下げる）を大幅に修正し、2021年型車以降は127g／kmで据え置くという緩和案を発表した。加えて、カリフォルニア州のZEVやCAFE規制のような連邦政府が定める規制よりも州政府が独自に環境規制を定める権限をはく奪しようとしたのだ。

長きにわたって米国環境規制の修正が議論されてきたが、2020年3月に米環境保護庁（EPA）と運輸省道路交通安全局（NHTSA）はCAFE基準を定めた新規則「Safer Affordable Fuel-Efficient Vehicles Rule（SAFE車両規則）」を発表した。最終年の2026年モデルイヤーで、CAFE基準値を1マイルあたり199グラム（124g／km）とした。オバマ政権が定めた基準値から大幅に緩和され、トランプ政権の要求に近い形で決着した。米国は2020年を境に、燃費規制を緩和するという世界とまったく逆の方向へ向かっているのである。

州政府が独自に環境規制を定める権限に関する結果はEPAの新規則には含まれていなかった。これを受けて、米国政権とカリフォルニア州はお互いを提訴しあう事態に発

図表7-2 ● 世界の企業平均燃費（CAFE）規制の見通し

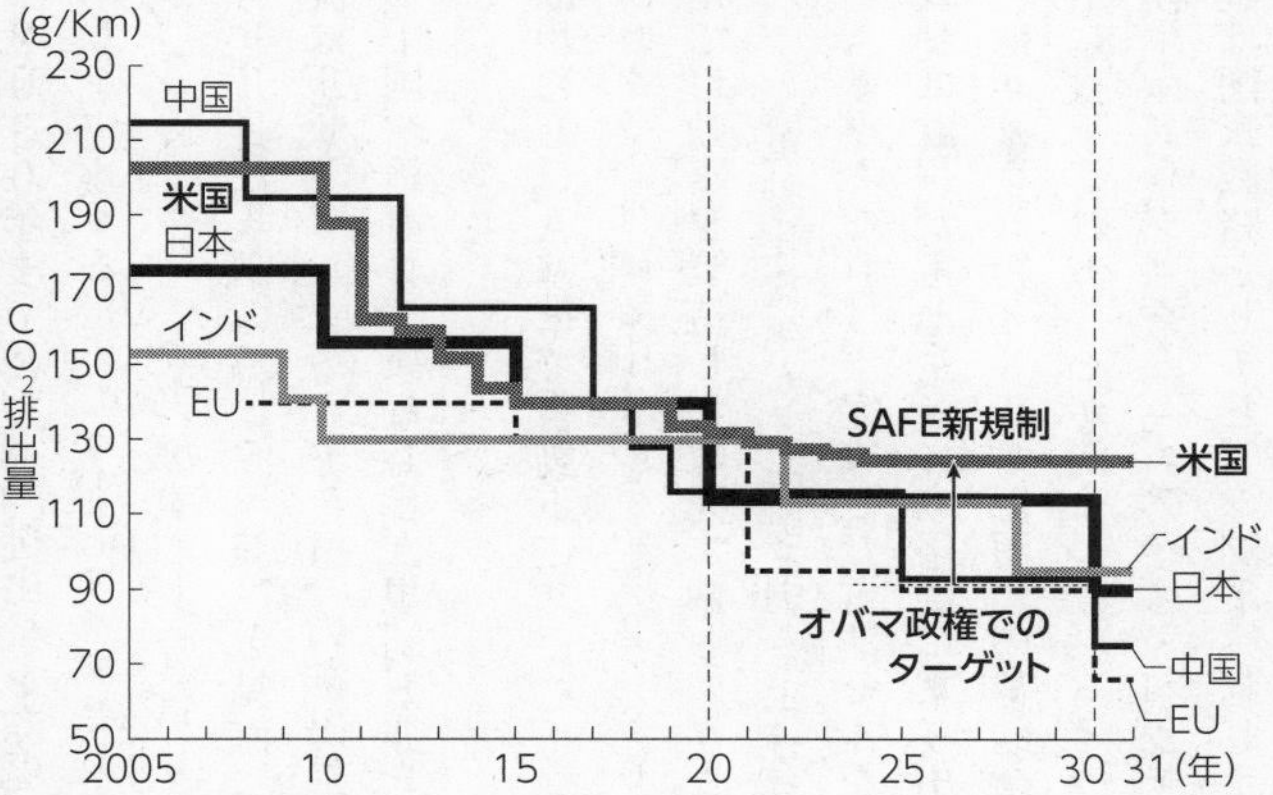

注：WLTP換算値ベース
出所：ICCT等各種資料を基にナカニシ自動車産業リサーチ作成

展している。カリフォルニア州側がフォードとホンダを仲間に呼び込み抜け駆けの合意を発表した後に、GMとトヨタは政権側が証人として仲間に呼び入れるなど、業界を真っ二つに分ける泥仕合である。緩い連邦政府規制と欧州並みに厳しい州規制のダブルスタンダートが存在するのが米国規制の実態となりそうだ。

❖欧州グリーンディールの新たな大潮流

ウルズラ・フォン・デア・ライエン新委員長が率いる欧州委員会が目玉政策と位置付ける「欧州グリーンディール」が2019年末に発表され、自動車産業は騒然とした。これは、2030年までにCO_2排出量を55％削減（従来目標40％減）し、2050年に気候中立を実現するためのロードマップである。これを実現するために大きな財政出動（グリーンディール）を実施すると宣言した。この中で、決まったばかりの乗用車のCAFE長期規制（37・5％減）を見直し、ライフサイクル（上流は原材料の採掘から下流はリサイクルまで）でCO_2の排出量を規制するLCA基準を導入しようというものの。中国が検討しているLCA規制と非常に似た厳しい規制を欧州も導入する方針を示した。

欧州にLCA基準で自動車産業にCO_2規制が敷かれる影響は非常に多大となる。詳細プログラムは議論中であるが、2020年後半までには骨子が見えてくる方向である。欧州で自動車を製造し、販売するということは大変な環境コストを負担することが避けられず、電動化比率を一段と引き上げていかざるを得なくなるだろう。何よりも、LCA基準となれば、完成した電池セルを輸入していては規制に準拠できなくなる。この規制は欧州が電池生産に本格的に乗り出すことの決意表明と受け取っていいだろう。

32億ユーロ（約3840億円）の補助金が電池現地生産化に向けた研究開発プロジェクトに投下されることが決まった。ドイツとフランスで進める欧州企業による電池の大規模生産プロジェクト「エアバス・バッテリー」も強力に推進していく。欧州の自動車産業は国家戦略としてEVシフトへ転じようとしている。

3●EVの普及予測——2030年で9%

❖内燃機関（エンジン）の終焉は本当か

オランダでは2025年までに、ドイツでは2030年までにエンジンを用いる新車販売を禁止する法案が議会を通過したのが2016年だ。EVの熱波は瞬く間に世界を覆っていった。英国とフランスでは2040年を目途に、インドが2030年、インドネシアが2040年までにエンジンを用いる新車販売を禁止するという政策の検討が始まったのである。

EVを推し進める要因は大きく3つあり、①大気汚染問題、②産業政策、③エネルギー政策が挙げられる。欧州の大気汚染問題は深刻な政治・社会問題であることを理解しなければならない。新興国は、産業とエネルギー政策の両面が背景にあるだろう。中国の「自動車強国」政策と、その支配に怯える新興国の産業政策、石油輸入依存からの脱却を目指す動きを理解する必要がある。

この「内燃機関（エンジン）の終焉」に関するニュースは、日本国内でも派手に報道された。しかし、現時点でZEV／NEVの使用しか認めない法案を本気で検討しているのはオランダだけとなりそうで、他国の政策軟化を伝える報道は少ない。ドイツのメルケル政権はディーゼルを守る姿勢を明確に示している。英国、フランスはもともとの政策論議が政治的な人気取りに基づいている。ノルウェーもマイルド・ハイブリッド以上の電動車であれば許可するとして、大幅に骨抜きした案が検討されている。大気汚染問題を解決するために、主要都市でのエンジン車の使用規制が実施される可能性はある。しかし、それが英国やフランス全土、欧州全域に広がるとの見通しは現実的ではない。

インドのモディ政権が、2030年までにEV100%に移行する政策検討に入ったニュースは、同国で市場シェア50%を有するスズキに衝撃を与えた。この政策検討は、電動化に後ろ向きであった日本の自動車メーカーに冷や水を浴びせ、電動化投資に本気になる転換点となった。

2017年11月、スズキとトヨタはインド市場向けEV投入の協力関係構築を進める契約を締結した。2018年に入ると、ガドカリ道路交通相が「EV普及に向けた行動計画を準備しており、政策は必要ない」と突然柔軟な姿勢に転換してしまった。電動化投資へスズキとトヨタを引きずりだして、両社の強力なコミットメントを獲得できたからだ。モディ政権は石油依存から脱却するエネルギー安全保障政策を高く掲げている。それ以上に、EVを推進する中国のNEV戦略を脅威に感じ、EVでも「メイク・イン・インディア」を実現したいというモディ政権の狙いはブレていない。

❖EVのコスト競争力分析

EVが本当に身近な生活の一部となるかどうかは、EVにコスト競争力が生まれ、充電インフラも含めて利便性を獲得できるかにかかっている。EVのコスト分析に楽観論があることは事実だ。多くの分析が、2025年頃にはEVとガソリン車の価格が接近、あるいは逆転というシナリオを描いている。ブルームバーグNEFの調査では、EVコストは2024年にはガソリン車に並び始め、2029年にはすべてのセグメントでガソリン車と同じになると分析している。米国のサンフォード・バーンスタインは2026年にガソリンエンジンのコストがEVのシステムコストを上回る可能性が高いと指摘している。

しかし、本書ではガソリン車とEVの車両価格が逆転し、EV需要が爆発的に拡大する超楽観的なシナリオは想定していない。EVも含めた電動化の大波への対応を進めることは重要だと考える。そうはいっても、動揺を感じるほどにEVシフトを煽り続ける一部のメディアやシンクタンクの行動はいかがなものかと感じてきた。

電池のコスト下落は間違いなく期待できる。しかし、現実的に想定し得るリチウムイオン電池の正負極材料質量あたりのエネルギー密度（質量あたりのエネルギーの密度でWh／kgで示す）の進化スピードでは、EVがガソリン車を上回るコスト・パフォーマンスを生み出すことは容易ではない。現世代のリチウムイオン電池質量エネルギー密度

図表7-3●NEDO自動車用2次電池ロードマップ

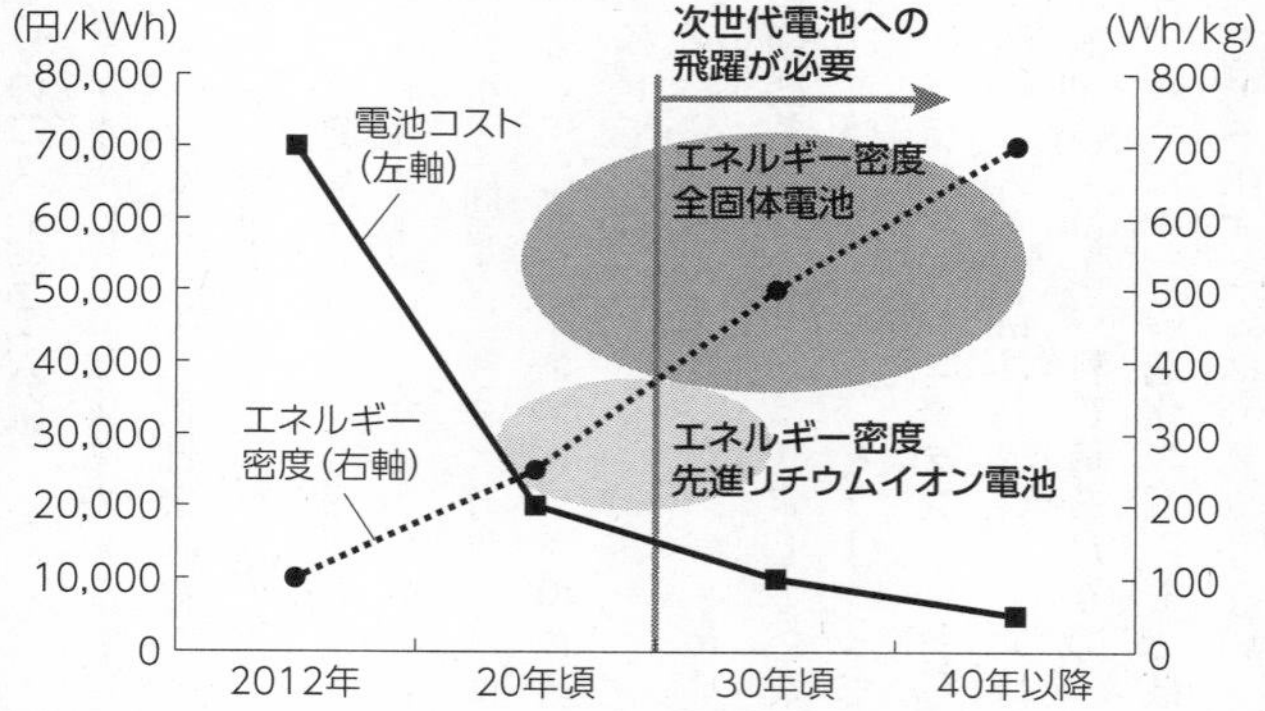

出所：NEDO2次電池技術開発ロードマップ2013のデータを基にナカニシ自動車産業リサーチ作成

が300Wh／kgで限界となるなら、航続距離を確保するにはどうしても大量のバッテリーを搭載せざるを得ない⑪。EVの台数成長が加速化すれば、需給バランスから電池の原材料価格上昇を招き、電池コストは結果として期待ほど下落せず、EVのコスト競争力は減衰する。次世代の電池が実現しなければ、EVが本流に来ることは難しいだろう。

以下では、日産のリーフを例にとって説明しよう。リーフの最低価格は322万円で、約110万円（1kWhあたり2・7万円、40kWh）の電池を搭載している。国と地方の補助金60万円を差し引いてもリーフの最低価格は262万円となる。ちなみにプリウス（電池搭載量0・7kWh）の価格は補助金なしでも

242万円で収まる。

2030年にリーフの電池コストが1kWhあたり1万円に下がるという楽観的な仮定を置くと、リーフ価格は254万円へ下落するが、それでもまだプリウスより高い。プリウスはガソリン車よりも20万〜30万円ほど割高であるとすれば、EVがガソリン車よりも安くなるためには、電池コストが8000円/kWh以下まで下落する必要があると試算できる。

その電池だが、コストの70%が原材料費である。現時点で期待できる質量エネルギー密度では、正極材、負極材、電解液、セパレーターの主要機構の原材料費だけで1万円を切るのはかなり難しいとの意見も聞く[12]。さらに、大量の電力を必要とする加工費、設備費、人件費、パッケージ、バッテリーマネジメント、冷却装置のコストがかかる。当然、電池メーカーの利益も必要である。当面、1万円を切るのは至難の業だと言わざるを得ない。

材料費の市況価格の変動は、電池コストの削減にとって最大のリスク要因となるだろう。材料費の市況価格は需給バランスで変動する。仮に、2030年にEV生産台数が2000万台とすれば、必要な電池量は1000キガWhとなり、世界にテスラのギガファクトリー級の工場を30カ所以上建設しなければならない。必要なコバルト、リチウムを供給することは容易でなく、需給関係は壊れ価格は高騰しそうだ。

❖大きく変わる地域別のパワートレイン・ミックス

ダイムラーのディーター・ツェッチェCEOが言うように、1つの動力源に依存しすぎることは問題がある。資源を有効に活用しながら、最大限の効果を生み出すクルマの動力源の構成を考えていかなければ、あまり現実的な議論にはならない。こういったEVやハイブリッドなどの動力源の構成をパワートレイン・ミックスと呼ぶ。

電池で使用される資源の原単位は、EVを100とすれば、プラグイン・ハイブリッドが10、ハイブリッドが1となる。効率の低い電池を用いるEVで原材料を浪費してしまうのは合理的ではない。資源消費を最小限に抑え、CO_2総排出量を最適化できるよう、たとえばEV10%、プラグイン・ハイブリッド20%、ハイブリッド70%のようなパワートレイン・ミックスを構成することは、結果として地球環境に優しく持続可能なCO_2削減への解決策を生み出せる。

ZEV、NEV、CAFEのような具体的な世界の規制を満たす「規制ミニマム」を実現しながら、それぞれの自動車メーカーが自社にベストなパワートレイン・ミックスを追求していくだろう。そのうえで、MaaS領域でのEV普及を考慮することで、現実的な2030年の電動化予測が成り立つ。

本書の予測では、2030年の主要市場のCAFE、ZEV／NEV規制を推定し、その規制をクリアするパワートレイン・ミックスを検証した。欧州CAFEは2030

図表7-4●2030年の地域別パワートレイン構成予測

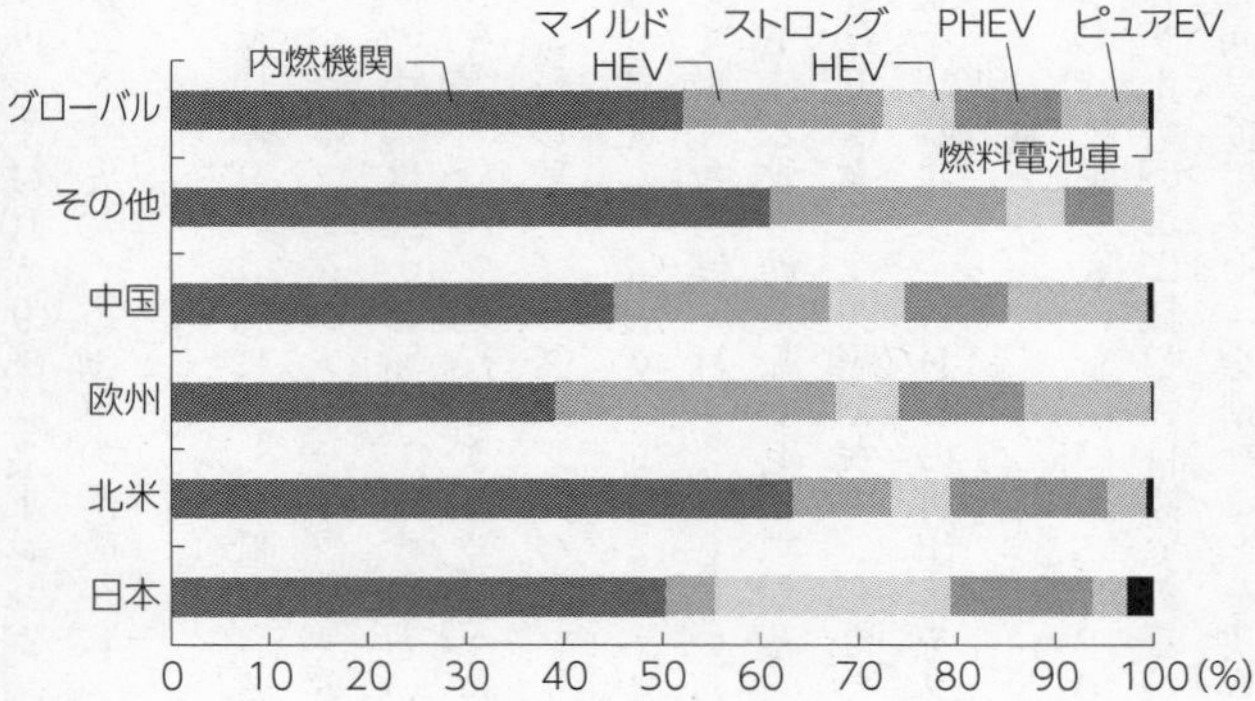

出所：ナカニシ自動車産業リサーチ予想

年の規制最終目標が68ｇ／㎞、日本の燃費目標が75ｇ／㎞、中国ＣＡＦＣ74ｇ／㎞、米国ＣＡＦＥ１１０ｇ／㎞、中国の要求ＮＥＶ比率を34％、米国10州の要求ＺＥＶ比率は32％を前提に置く。ＭａａＳ車両の約半分をＥＶ、残りは様々なパワートレインに分散すると仮定し、以下を予測した。欧州、中国でのＬＣＡ規制は方向がいまだ不透明であるため、予測には反映していない。結果次第では、ここでの電動化予想を上回る結果になり得よう。

まず、２０３０年の日・米・欧・中の主要市場でのＥＶが占める構成比は９・０％となる。燃料電池車０・５％と合算したゼロ・エミッション車の構成比は９・３％である。最も有望なのはハイブリッドであり、全体の38・６％を占める。プラグイン・ハイブリッドは10・9%、ストロング・ハイブリッドが7・3%、マイルド・ハイブリッドが20・4%だ。電動車の構成が47・9%、エンジンだけの車両の比率は52・1%となる。

ＥＶ比率9・0%に対して低すぎるのではという批判もあるだろう。ただ、ここで注目すべきはプラグイン・ハイブリッドの10・9%を合わせれば電気を動力の主体とする車両の比率は20・2%にも達するということだ。プラグイン・ハイブリッドは200㎞程度を電気だけで走行できる。日々の走行はＥＶと変わらない。

ここのＥＶとプラグイン・ハイブリッドの境界線がどのように決まっていくかは、宗教論争に近い。電池のコストがどれだけ下がり、供給量を確保できるか否かが境界線を定めていくだろう。はっきりしていることは、わずか10年後には新車の5台に1台は電気を主体とする動力源で走行するという見通しである。

これでは大変な問題を残すことになる。ＣＯＰ21での温暖化上昇を2度未満に抑える約束を守るには、ＧＨＧの排出量を2050年までに現在から80%以上削減することが必要だ。そのためには、2050年までにCO_2を走行中に排出しないＺＥＶ比率は60%以上が必要だと試算される。[13] 2030年で8%に留まるとすれば、2度未満とするシナリオがいかに厳しい目標であるかを再認識せざるを得ない。欧州が1・5度シナリオに向けてアクセルを踏むことを決意したことは世界の環境規制に重大な変化を及ぼすだろう。

ＥＶ普及を本格的に加速させるには、全固体電池と呼ばれる高い質量エネルギー密度を持つ次世代の高出力バッテリーが不可欠だろう。量産普及期は２０３０年以降に可能性があると言われており、地球環境のためにもこれは是が非でも早期の実現を目指さなければならない。

4●中国の新エネルギー車（ＮＥＶ）戦略の真相

❖ＮＥＶ戦略の背景

中国のＮＥＶ政策は２００１年から始まった「三縦三横」と呼ぶ新エネルギー車（ＮＥＶ）開発に始まる。２０１２年からＮＥＶの推進を産業政策としてきたが、その立ち上がりは苦戦の連続だった。転換点は２０１５年の「中国製造２０２５」で、産業政策の色を一段と濃くしたことだ。手厚い補助金、自動車購入税免除、ＮＥＶ専用ナンバープレートの優先割り当ての実施が打ち出され、ＮＥＶ市場は拡大を始めた。

２０１５年に33万台にすぎなかったＮＥＶ市場は、２０１８年に１２０万台と4倍になる。世界のＮＥＶ市場に占める中国の販売台数のシェアは50％以上に達している。しかし、補助金の大幅な削減を始めた２０１９年以降失速し始めた。新型コロナウイルス

図表7-5●中国セグメント別NEV販売構成

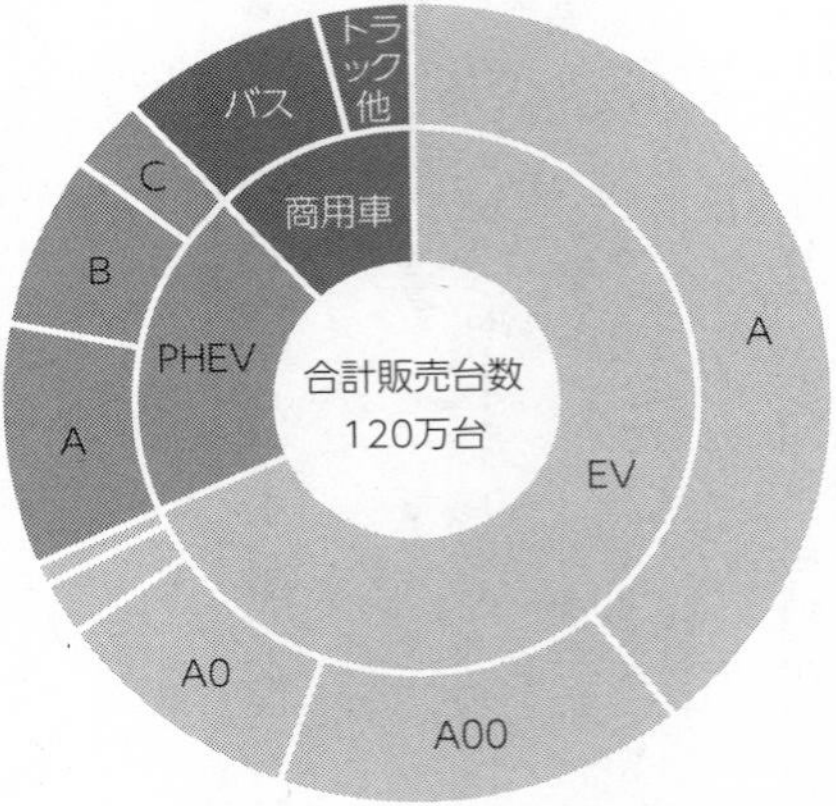

注：A00：日本で言う軽サイズ、A0：フィットサイズ、A：カローラサイズ、B：カムリサイズ、C：クラウンサイズ
出所：China Passenger Car Associationのデータに基づきナカニシ自動車産業リサーチ作成

感染症の影響もあり、2020年に入っても減少傾向が続く。2020年に200万台、2025年に700万台を目指す国家計画台数には黄色信号が灯っている。中国政府は2020年末に終了予定のNEV補助金政策を2年間延長することを決定せざるを得なかった。

2020年6月、中国工業和信息化部（工信部）は2023年までのNEVクレジット要求を明確化した。2019年から2023年までの5年間、要求NEVクレジットは10%、12%、14%、16%、18%と2%ポイントずつ上昇する。

ここまでNEV市場は順調に拡大しているが、「官製需要」に支えられていることは間違いない。2019年のNEV販売台数の8％は補助金に支えられたEVバス、4％は配送用の小型バンなどの商用車である。NEV需要の26％はA00、A0クラスと言われる小型EVであり、地方でのモビリティサービスを提供する法人需要に支えられているのである。そのほか42％がA、Bセグメントで個人保有とタクシー需要、20％がプラグイン・ハイブリッドで個人保有が主体となる。

これらの個人保有の乗用車の需要のほとんどが都市部を中心とするNEV専用ナンバープレートの優先割り当てを狙った需要だ。北京ではナンバープレート抽選に当選する確率は0・05％と言われており、EV購買に活路を見出す富裕層がいるのは致し方ない。だが、一般消費者の中でNEVを本当に評価して購買している割合はまだ限定的だ。NEVは走行距離の短さや充電設備の不足などの使用面の不便さが懸念され、購入には二の足を踏むのが実態なのである。

❖2020年が審判の年

ここからは、大変複雑な規制の仕組みの話に入るが、中国の環境規制を正しく理解しておきたい。まずは、ダブルクレジット制度である。燃費規制のCAFC（中国版CAFE）とNEVを統一管理するダブルクレジット制度が2018年より施行された。

このダブルクレジット制度の狙いは2つある。

まずは、CAFC対応を進める中で、EVなどのNEVへの生産インセンティブを働かせることだ。さらに、NEVの生産台数に応じて政府から付与されるNEVクレジットの売買をインセンティブに、NEVの供給力の強化を狙っている。簡単に言えば、補助金依存の需要サイドの政策を、クレジットを基にした供給サイドの政策に転換することが目的である。生産台数をかさ上げし、部品コストを引き下げ、NEVの商品性能を引き上げ、結果として価格下落と需要喚起につながる循環を生み出すことが狙いなのである。

このため、NEVの前にCAFCを理解する必要がある。仕組みは一般的な燃費規制と同じ構造である。企業平均燃費ターゲットを、2015年の6・9L/100km(160g/km)から2020年5・0L/100km(116g/km)まで決定されており、2025年に4・0L/100km(93g/km)への改善を目指す方向だ。

燃費目標を上回ればCAFCクレジットを獲得し、未達のメーカーにはマイナスのクレジットが発生する。CAFCクレジット不足のメーカーは、同じグループの会社からCAFCクレジットを譲り受けるか、他の完成車メーカーからNEVクレジットを購入することで対処しなければならない。CAFCクレジットは同じグループの関連会社間でのみ譲渡可能だが、売買対象ではない。

図表7-6 ● CAFCとNEVの2つの規制

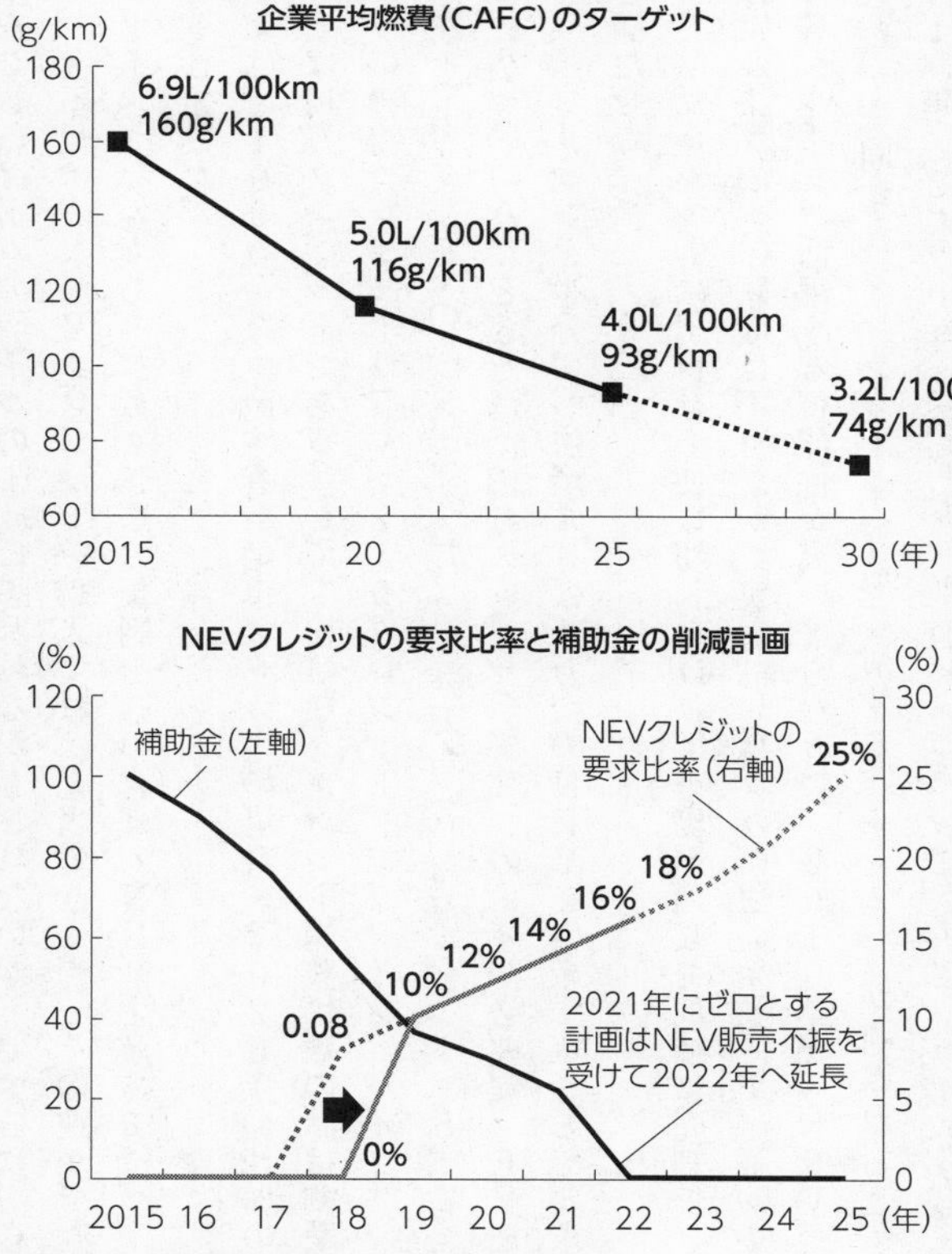

注：補助金レベルは2015年を100%として指数で示す。
出所：工業和信息化部（工信部）のデータを基にナカニシ自動車産業リサーチ作成

ややこしいゲームのルールのように思われるかもしれないが、要するに、CAFCクレジット不足は、NEVクレジットを購入すれば充当できるが、その逆ができないところがポイントなのである。CAFCの規制を強めれば、NEV生産にモチベーションが高まる仕組みだ。

例えば、100万台を生産する自動車メーカーの場合、2020年の12％の要求クレジットは12万クレジットである。とても複雑なクレジット調整係数の話は割愛し、1台あたりの獲得クレジットはEVが2～5クレジット、プラグイン・ハイブリッドは2クレジットである。EVのみを生産すれば2・4万台（12万クレジット÷5）、プラグイン・ハイブリッドのみだと6万台（12万クレジット÷2）の生産が必要だ。EVとプラグイン・ハイブリッドを半分ずつ生産すれば4万台のNEVを生産することで要求クレジットを満たせる。

NEVクレジットは、自社で使い切れなければ市場を通じて他社に売却できる。規制上はグループ内への譲渡は不可だが、実質的にはグループの企業内で融通ができる。これは各グループで活用する可能性が高い。ちなみに、2019年からNEV規制が開始されたが、同年はクレジット未達成に対するペナルティが科されることはなく、2019年と2020年の合計値で挽回できる。このため、実質的な審判の年は2020年となる。

ここで読者の注意を喚起しておきたいのは、クレジットが生じるのは「生産台数」であり、「販売台数」ではないことだ。ここには、多くの誤解がある。クレジットは生産台数に付与されるが、生産しても必ずしもすべて販売できるかは別問題であり、実際の生産と販売のタイミングは必ずしも一致しないだろう。NEVの需要はレンタカーやタクシーなどの法人モビリティサービス向けが多く、売れ残った在庫をこういった法人需要に押し込むことも可能である。

実際、多くの中国企業は2020年のNEV要求クレジットがそれほどの試練とは認識していない。上海汽車を例にとれば、年間200万台の生産販売台数に対し12%のNEV要求クレジットを掛ければ24万クレジットが必要となる。1台あたり4クレジットを前提に5万台強のNEV生産台数が必要だ。中国全土に上海汽車は1500の販売店を有しており、5万台のNEVとは1店舗あたり月に3台売れれば達成できる計算だ。クレジットは余剰となる可能性が高く、グループ合弁会社のGMやVW向けに融通されそうだ。

❖電動化関連部品の一大市場へ

世界の電動化のトレンドを議論するとき、最大市場である中国のNEV市場の動向は無視できない。中国が国家産業戦略として推進するNEV政策は、欧州の環境問題の解決を目指す政策とは利害が一致している。欧州の自動車メーカーとサプライヤーは、中国市場を利益を生み出すマシンに作り上げてきたが、手を結んだ中国と欧州の政策を利用し、自らの電動化戦略を成功させ、さらにもうひと儲けを目論んでいる。

車載用電池市場では、寧徳時代新能源科技（CATL）という習近平国家主席の肝いりの巨大電池メーカーが誕生した。2017年のCATLの中国出荷量は12ギガWhに達し、同じ中国BYDの10ギガWh、パナソニックの9ギガWhを抜き最大となった。CATLの2017年の平均電池生産コストは910元（約1・5万円）／kWhとされ、ライバルであるBYDの1000元／kWhよりも高性能バッテリーの生産構成比が高いにもかかわらず10％程度低い。自動化率、人件費効率、歩留まりの高さが奏功しているのだろう。

CATLの特徴は福建省寧徳市という立地にある。習近平が1980年代に過ごした茶畑が広がる貧困地域だったが、世界トップの電池工業都市に計画的に育成されてきた。もともとは、日本のTDKの子会社ATLであったが、車載バッテリー事業は政府意向でスピンオフされ「現代」を意味する「Contemporary」のCを付けて2011年に中国資本のCATLとして生まれた。社員1万3000人が勤める企業城下町が形成され、巨大な敷地に置かれた研究開発施設は3400人の研究開発員を擁し、町全体で高品質かつ低コストの電池を開発、生産するエコシステムを形成している[14]。

注目の展開は、CATLがドイツのチューリンゲン州に12ギガWhの生産能力を有する新工場を2021年までに建設すると決定したことだ。BMW、VW、ダイムラー、PSA、ジャガー・ランドローバーへ供給すると考えられる。欧州自動車産業が目指すEV戦略には、電池供給力を確保することが不可欠だが、大きな供給源を獲得したことになる。

電動化関連のコンポーネンツ市場は世界のサプライヤーの注目の的だ。ボッシュ、コンチネンタル、シェフラー、ZF－TRWなどのドイツ勢、ヴァレオ、ボルグワーナーなども交えて世界の強豪ティア1がそろい、電動化部品の供給体制を構築している。日立オートモティブシステムズ、パナソニック、デンソーなど国内ティア1も電動化関連の事業で拡大を目論んでいる。中国は電動化関連部品の一大生産地として世界的に存在感を増すだろう。その大波を捉えれば、一躍、大成長を獲得することは夢ではない。

5●野望と現実の狭間——EVのリスクシナリオ

❖EVの5つの関門

EV普及には、①インフラ整備の問題、②原材料の需給バランス、③電池コスト、④不安定な中古車価格、⑤電池の世代交代という5つの難関が控える。これらの阻害要因は従来言われ続けてきたことで、これまでの議論の繰り返しにすぎない。しかし、この阻害要因を覆す説得力のある反論を聞くことはないのである。EV普及には当面、大変な困難があることを説明してこの章を閉じる。

インフラ整備の問題とは、発電・送電インフラと充電インフラの2つの面がある。欧州の大陸部では国境を越えて比較的電力の融通が利くが、英国、米国、日本での電力不足の問題は深刻である。ユーザーが夜間に通常充電する前提でも100万台のEVを充電するには大型火力発電所1カ所分である数百万kWの電力が必要となる。さらに、50kWhの急速充電器を用いてこの100万台を充電するとなれば、発電・送電インフラをそのようなピーク電力需要に合わせて設計することは非常に難しいだろう。

電池の原材料の需給バランスは2020年にも深刻な問題として浮上するリスクがある。電池材料の中で、最も調達が不安定な資源はコバルトだとされている。採掘できる地域に偏りがあり、コバルトの過半はカントリーリスクの高いコンゴ民主共和国で採掘される。ユニセフに基づけば4万人の児童がコバルト採掘労働に従事していると言われ、労働環境の劣悪さは人権問題として取り上げられてきた。

コバルトの世界埋蔵量は710万トンあると言われる。仮に2030年に1000万台のEVが生産されるとすれば、原単位計算で17万トンのコバルト採掘が必要だ。2017年は、11万トンを採掘しており、大幅に供給量を増やさなければ、需給バランスが大きく崩れることになる。採掘が容易な鉱山は開発済みで、より深く採掘していくとなればその難度も高くなる。仮にうまく採掘できても、40年ほどで枯渇してしまう。需給バランスで見れば、リチウムはもっとシビアである。2025年までに需要が供給を大幅に上回る可能性が高い。

電池コストについてはすでに触れたので、ここでは割愛する。

EVの中古車価格も難しい問題だ。電池性能は使用頻度や充放電などで劣化に大きな差異が発生する。EVはガソリン車以上に中古車の価格変動が大きいと予想される。EVはPOV（個人所有車）よりもMaaS（モビリティサービス）との親和性が高いと考えるのも、不安定な中古車価格の問題がその背景にある。中古バッテリーのトレーサビリティ（追跡する技術）、評価システム、リサイクル技術なども世界的にいまだに整備が行き届いておらず、急激に中古電池が増大することで生じる社会問題への対策が必要だ。

電池の世代交代の期待が高いことは、早期のEV普及を妨げる大きなリスクである。電池技術は10～20年に一度大きな飛躍を迎える。国立研究開発法人新エネルギー・産業技術総合開発機構（NEDO）の資料に基づけば、リチウムイオン電池は2020年には質量エネルギー密度が250Wh／kgに達し、2030年以降に普及期が訪れる全固体電池は400Wh／kgに達する。未来の空気電池では1000Wh／kgともいう。空気電池はともかく、全固体電池は実現が着実に近づいている。10年程度で次世代へ移行する可能性があると、電池メーカーはある時期から追加投資を抑制し始める可能性がある。十分な電池の供給を受けられるとは考えにくい。

第 8 章

「CASE革命」を支える「ものづくり革新」

Connected **A**utonomous **S**hared & Service **E**lectric

1●ハードウェアの大波のあとを襲うソフトウェアの津波

❖ハードウェアの大波

ここまで自動車産業が迎えた革命的な未来の絵姿を論じてきた。CASE革命は産業が誕生して以来の大規模な変化となることは間違いないだろう。3つの隕石（IoT化、知能化、電動化）が衝突して巨大な隕石孔を広げるように、地球上のクルマの価値を破壊するような爆発力を持っていることをここまでの分析で明らかにしてきた。その先には、クルマが社会のデバイスとなり、最終的な目的地は超スマートシティが築かれた理想世界へと広がる。社会全体の価値を変革するスケールの大きいストーリーである。

こういった変化が瞬く間に革命的な出来事として起こるのか、それとも移行期が長く続くのか。結果次第では、企業活動や市民生活に著しい影響を及ぼすことになるのだが、このプロセスはいまだはっきりしない。

第4章から第7章まで多くのページを割いて展開したCASEの4トレンドの分析と議論に基づけば、自動車産業は複雑で長期的な移行期が長く続くだろうということと、POV（個人所有車）とMaaS（モビリティサービス）の2つの特性の違う商品の進化が両立するということだった。クルマには、スマートフォンのような劇的なスピード進化も、革命的な産業構造の変化も、コモディティ工業製品への変容も簡単には起きないという結論だ。もちろん、いつかは変化するだろうが。

この長い移行期を経ることの意味は、製造業としての自動車産業には大きな好機が生まれることを意味する。2030年に向けたCASE革命の中で、部品点数、車両重量、物理的かつ理論的なアーキテクチャを含め、クルマは過去にない激しい複雑さを経験することになる。ものづくりを基盤に置く自動車産業の特性は変わるどころか、一段と複雑化への対応能力を身に付けるよう迫られるのである。

近い未来に市場投入されるクルマを想像してほしい。コネクティッドを実現する通信モジュールとV2X車載器、新しいマルチメディア機器、レベル2~3の自動運転を実現するレーザー、ミリ波レーダー、カメラ等のセンサー類やドライバー・ステータス・モニターなどのHMI機器、80g/kmのCO_2排出量を実現できるモーターやインバーター、エンジン制御機器、そしてそれらを制御する電子制御ユニット（ECU）など、ハードウェアを満載したクルマとなる。

レベル2では5~6個のセンサーが必要だが、レベル3では15~20個に増加する。MaaS向けのGMクルーズは40個も使用している。半導体群、ECU、ワイヤーハーネスの電子部品もセンサーの数に比例して増加する。さらに厄介なことは、システムが壊れても常に安全に制御できるフェールセーフへの二重投資が必要となることだ。モーターは倍近く、補助バッテリーも必要となる。途方もなく部品点数が増大し、クルマは確実に重くなる、ハードウェアの大波に巻き込まれていくのだ。

❖ソフトウェアの津波

第1章で説明したが、現代のクルマはハードウェアだけでは走らない。操作系部品（アクチュエーター）を制御するECUのソフトウェアが連携して初めて機能を発揮する。それも、「走る・曲がる・停まる」の制御を複雑に連携させている。クルマは何十個ものシステムを搭載しており、こういった複雑さをまとったまま、CASE革命の移行期に入らざるを得ない。

ECUの心臓部にあるソフトウェアは爆発的な拡大が予想される。クルマのECUに組み込むソフトウェアの総ステップ数は、現在の数千万ステップが2020年に1億ステップを軽く超えているだろう。2025年までに数億ステップへ拡大しているはずだ。すなわち、ハードウェアの大波を受けた後、自動車産業はソフトウェアの津波に呑み込まれるのである。

近い将来のクルマは、制御のドメインが連携する新しいソフトウェアの制御能力が必要となる。これまでECUを機能で束ねた概ね5~6個のドメインで統合制御が整理されてきたが、CASE革命に向かうとき、このドメイン間をつないだ複雑な制御が必要になる。コネクティッドやオーバー・ザ・エアー（OTA）で受けたデータ、様々な車両センサー情報を基に、ADAS（先進運転支援システム）や自動運転のソフトウェアはクルマの制御指令を発する。それを、再び車体制御、パワートレイン制御、HMI制御などへ連携した指令を出さなければならない。

ハードウェアとソフトウェアを分散型で制御してきた現在のドメインでつくった電子プラットフォームの維持は、もはや限界を超えた要求なのである。この電子プラットフォームとは、様々な電子部品を連携させて、車両全体を効率良く統合制御する電子の世界の理論的なアーキテクチャである。たとえれば、家を建てるときの基礎（土台）のような存在だ。自動車産業は制御のアーキテクチャを見直し、新しい統合制御への進化を模索することになると予想される。これらの統合制御を実現するには、次世代の「電子プラットフォーム」の構築が不可欠となるだろう。

ハードウェアの大波とソフトウェアの津波を受け、クルマの構造にはかつてない大規模な変化が起こりそうだ。ドメインを超えて制御できる新しい「電子プラットフォーム」が生まれ、膨大なハードウェアを制御するために、ソフトウェアとソフトウェアを連携させる統合制御が新たな競争領域となるだろう。このグランドデザインを描き、シナリオを整理し、設計図に落とし込み、量産技術を確立し、クルマに最も大切な信頼性を確保できる能力とは、自動車メーカーとメガ・サプライヤーの一角にしか存在しない。

EVだけのテスラは例外的であるが、エンジンを搭載するクルマがスマートフォンになるなど、とんでもない幻想なのである。

2●自動車産業の3つの課題

❖戦略パートナーと量産パートナー

CASE革命に対して、新しいクルマの価値に応えるCASE時代の「ものづくり」の基盤を構築することは重要な一歩だ。そのためには、課題を整理したうえでそれぞれにソリューションを見つけ出さなければならない。自動車産業が直面する課題は、①開発プロセスの再構築、②次世代電子プラットフォーム構築（新アーキテクチャ戦略）、③伝統的ビジネスの効率化、の3つにある。

環境規制、安全規制を含めて自動車産業の伝統的な開発要件は、まさにパンクしそうな状態にある。開発リソースはいくらあっても足りない状況だ。そこにCASE対応という、要素技術、時間軸、パートナーが違う開発要件に同時に対応しなければならなくなった。

苦境を打破するには、開発工程そのものの変革が必要であり、それには工程管理を変えることと、サプライヤーとの関係性の改革を求めていくことの2つの考え方がある。

図表8-1●CASE時代の「ものづくり」の基盤強化

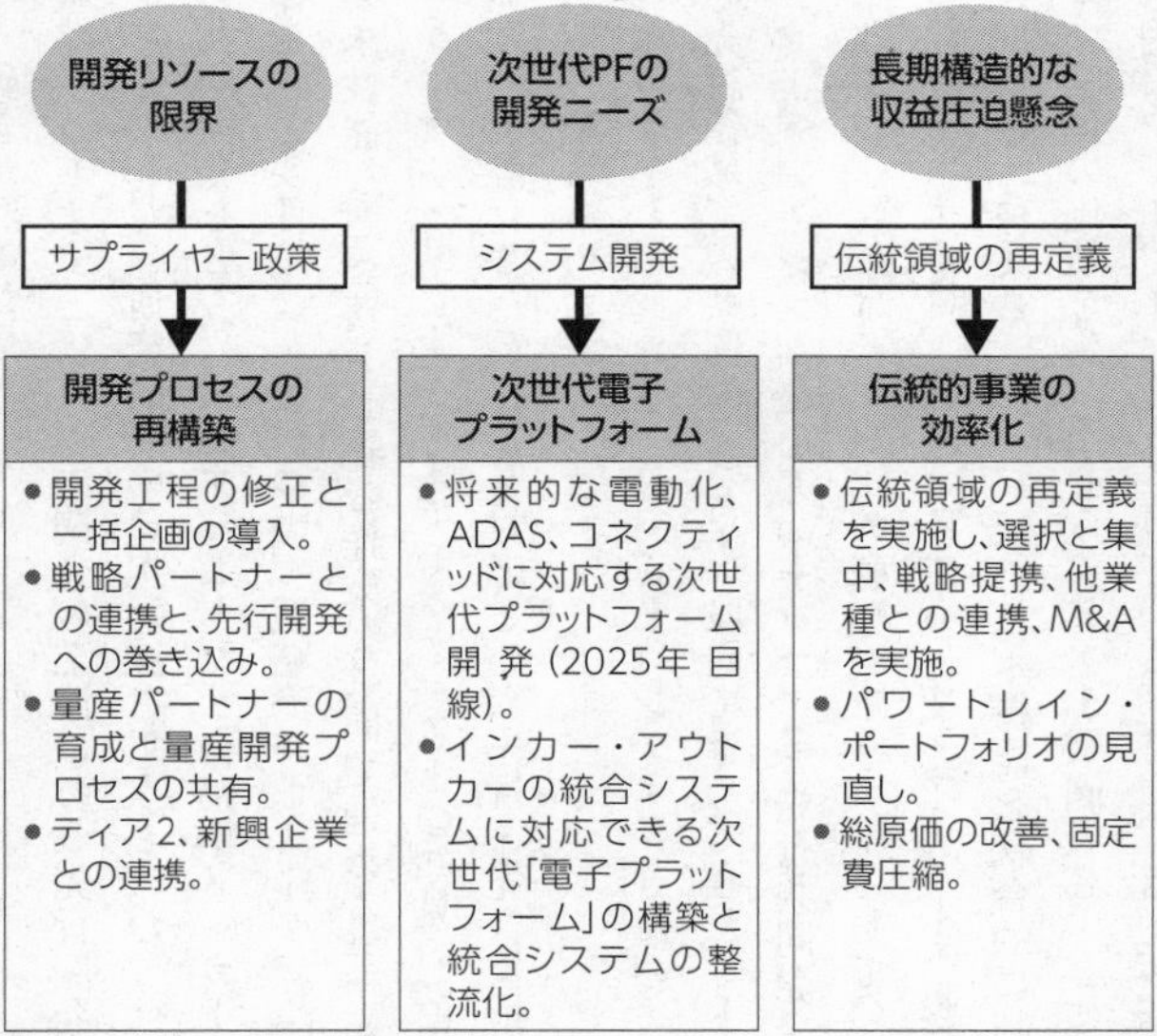

出所：ナカニシ自動車産業リサーチ

サプライヤーとの関係性から解説すれば、ティア1の伝統的な役割を見直すことだ。

序章で示したように、伝統的な自動車産業は、自動車メーカーを頂点に、部品を供給する1次サプライヤーであるティア1、2次サプライヤーのティア2、ティア3ー4がピラミッド構造を形成する。重要な役割と高い開発能力を持つティア1を活用する領域を広げ、戦略パートナーと量産パートナーに引き上げていく動きが顕著だ。

戦略パートナーとは、車両開発の上流にある先行開発にティア1を巻き込み、開発プロセスを共有し、研究開発の負担軽減を狙うものだ。仕様要件が定まらない早期の段階から共同開発をともに実施することだ。自動車メーカーはプロデューサー的な立場から全体企画と要件定義を行いつつ、戦略パートナーがアーキテクチャの設定やモジュールの要求性能などへ落とし込む作業を共同で進める。工程の短縮化、開発スピードの向上、システム・サプライヤーであるティア1の知見の活用が望める。自動車メーカーは、開発余力を温存し、CASE対応という先端・先行技術の開発や川上のプロジェクト構想に取り組めるのだ。

ダイムラーとボッシュ、BMWとコンチネンタルのように、欧州勢は戦略パートナーとの先行領域での共同開発を早い段階で進めてきた。トヨタでも、2012年頃を境にデンソー、アイシン精機などのティア1と先行共同開発に取り組む事案が増えてきた。トヨタグループではデンソーの戦略パートナーとしての役割が重くなってきている。

戦略パートナーは、統合システム・サプライヤーへ脱皮するチャンスを得られる。「走る・曲がる・停まる」のクルマの基本機能を統合的に制御する開発力と知見が生まれ、クルマ全体の価値を生み出せるティア1、図表8−2にあえて「ティア0・5」と記した有力なプレーヤーに育成されている。特に、自動運転技術をクルマに実装していくう

図表8-2 ● CASE革命におけるサプライヤーの役割の変化

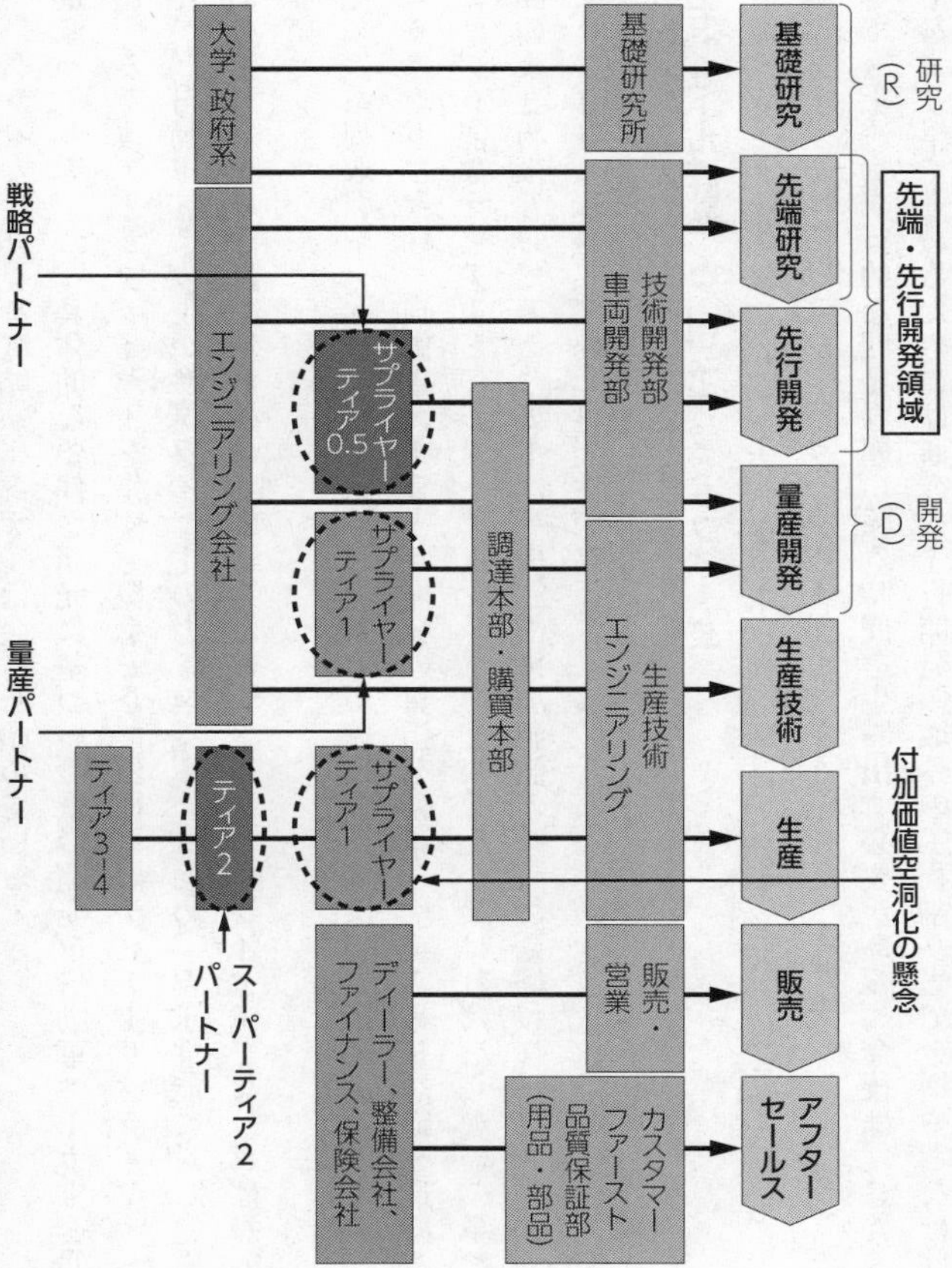

出所：ナカニシ自動車産業リサーチ

えで、欠かせない知見を戦略パートナーは会得し始めている。

量産パートナーは、具体的な要件と諸元に基づいた量産開発を自動車メーカーと共に実施するティア1サプライヤーを指す。概念としては従来のティア1サプライヤーと同等だが、自動車メーカーがサプライヤーの力量を見極めるため、要求性能に対し完成度の高いモジュール設計や量産技量で応えられるティア1サプライヤーでなければ対応できない。

従来の系列取引やシェア割りを意識した発注が続けられるほど、自動車メーカーにはもはやゆとりはない。自動車メーカーが開発の負担を軽減し、CASE対応を進めるためには、有能なティア1とのパートナーシップを強めていかなければならない。単なる部品のまとめ役としてのティア1は、失注や付加価値の低減に見舞われ、ティア1・5のような存在に転落していく可能性が高い。

❖「モジュール設計」と「電子プラットフォーム」

戦略パートナーと量産パートナーを上手に使い分け、効果を最大化させるためには、自動車メーカーは開発プロセスそのものを見直す必要がある。プロセスの効率化を進め、少しでも上流や先行的な開発課題に係る時間を生み出す必要がある。今後は、CASE対応をより早く進めるためには研究や先行開発領域への工程割り当てを増やさなければならない。そのためには、開発プロセスを見直し、CASE時代に即した工程割り当てを実施することが勝つものづくりへの第一歩となろう。

欧州メーカーは開発プロセスの見直しで少なからず先行し、そこから生まれる余力をCASE対応に大胆にシフトさせ始めている。ここでは、2つの大きな流れを生み出している。それが、「モジュール設計」と「電子プラットフォーム」だ。

ここで車両の設計について基本的なポイントを振り返っておこう。クルマは3万点にも及ぶ部品を組み上げてつくるのだが、組み合わせパターンを絞り込む土台が「プラットフォーム（車台）」である。部品と部品のつなぎ目を「インターフェース」と呼び、そのまとまりを設計する概念を「アーキテクチャ」と呼ぶ。クルマの設計プロセスは伝統的な「プラットフォーム設計」から「モジュール設計」へと進化してきた。

「モジュール設計」とは、仕様の亜流をそぎ落とし、必要な機能だけに照準を合わせたアーキテクチャを定める。プラットフォームを可変部分（モデルによって作り分ける領域）と固定部分（車種を超えて共通する領域）に分け、固定部分のプラットフォームを内蔵する構成部品を含めてショートケーキのように切り分け、互換性の高いモジュール単位での設計を行うことだ[15]。

モジュール設計では、VWの「MQB」、ルノー日産の「CMF」が代表的で、単純に言えばレゴブロック型に組み合わせながら1台のクルマを作り上げていくという設計プロセスだ。モジュールが車種を超えて共有化できるため、開発効率の向上と部品共有化が実現できる。モジュール設計とはハードウェアとソフトウェアの連携を車体構造に落とし込むために考えた物理的なアーキテクチャとも言える。

2つ目の「電子プラットフォーム」への流れとは、ECUが制御する多数の電子制御のまとまりを設計する概念、理論的なアーキテクチャである。車載電子制御ユニットの標準仕様であるオートザー（AUTOSAR）を活用し、電子制御系のアーキテクチャを定める電子プラットフォームを欧州メーカーが先行して開発してきた。基本ソフト開発ではベクターが圧倒的であるし、フィンランドのエレクトロビット（EB）の車載事業を6億ユーロで2015年に買収したコンチネンタル、組み込みシステム開発のETASを傘下に持つボッシュが大きく先行している。

ドイツ企業は、オートザーの標準化を進めることにより、擦り合わせを極めてきた日本のものづくりの競争力に対抗でき、「モジュール設計」と「電子プラットフォーム」で中国市場を巻き込んだ欧州標準のものづくりを展開してきた。その中に、欧州自動車メーカーと欧州サプライヤーが儲ける仕組みを仕込んできたのだ。この戦略が、次節で詳細に説明する次世代電子プラットフォームの構築や、ハードウェアとソフトウェアの切り離しの議論につながってくるのである。

開発プロセスの見直しの重要なトレンドにある「モジュール設計」と「電子プラット

フォーム」は、必要な機能を定めるところに難しさがあり、ここを間違えれば、元の木阿弥となってしまう。将来のモデル群に対する必要な要件を絞り込むことを「一括企画」と呼ぶ。欧州ティア1の電子制御開発力と欧州自動車メーカーのプロデューサー能力が一致団結し、高い成果を生み出している。

3●電子プラットフォームから統合制御システムへ

❖レガシーシステムと電子プラットフォーム

すでに説明した通り、電子で制御されたシステム部品で様々な機能を実現しているのが現代のクルマである。センサーで得た情報をワイヤーハーネスが伝達し、頭脳であるECUに送って計算し、その結果をアクチュエーターと呼ぶ可動部に送り操作する、という電子機器の固まりとも言えるシステムである。

この結果、ECU間をつなぐワイヤーハーネスが、ゲートウェイを介してスパゲッティ状態となる。増築を繰り返した旅館のように、「本館」「新館」「別館」「特別館」が乱立した構造に渡り廊下が交差するようなもので、自分がどこにいるのか見失いかねない。こういった状態をクルマのレガシーシステムと呼ぶ。この整理に出現したのが、BMWとボッシュが主導したオートザーである。

図表8-3●電子プラットフォームの整流化

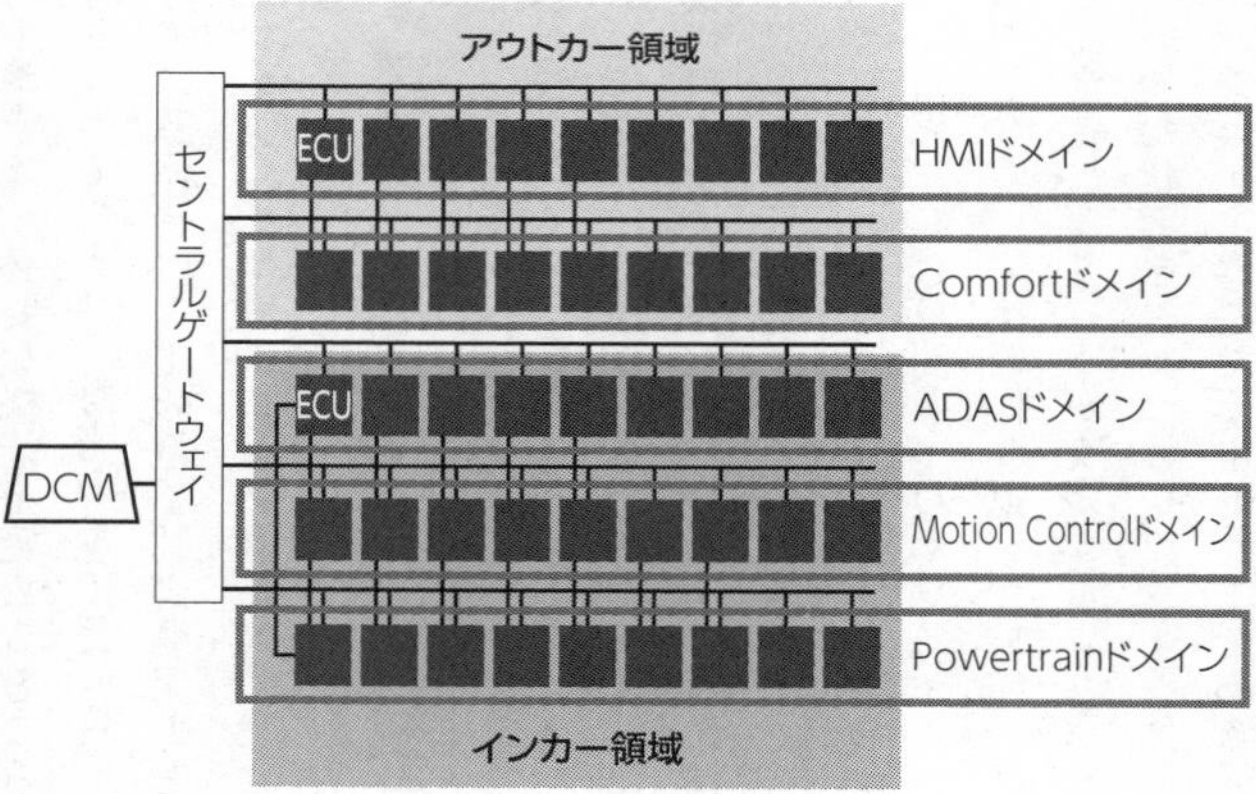

出所：ナカニシ自動車産業リサーチ

本格的なシステムをオートザーで構築するステージが到来している。オートザーは、ECU用の電子制御の標準仕様を定めた欧州主導のデジュール・スタンダードである。2017年にはアダプティブ・オートザーがリリースされ、OTAを実現し、将来の自動運転制御への対応が視野に入ってきた。

現在のECU群はオートザーで統一され始めており、機能を定める5〜6群のドメインで整理されている。いわば、古い旅館が6階建ての新築ビルになった様子だ。こういった理論設計（＝アーキテクチャ）を「電子プラットフォーム」と考えてよい。

従来、電子プラットフォームの重要性は自動車メーカーに理解されていたものの、取り組みはメーカー間で温度差があった。きれいな電子プラットフォームを導入しても、ユーザーの目に見える価値とはなりにくい。電子システムの開発の効率化は大きなメリットではあっても、作る苦労とメリットのバランスが悪く、メーカーの判断は分かれてきた。しかし、CASE革命に対応する必要に迫られ、電子プラットフォームを積極的に構築し、さらに高度に進化させていくことが不可欠となったのである。

❖2020年すぎには次期電子プラットフォームへ

2020年前後のクルマには、ドメインを超えて統合制御を可能とする電子プラットフォームを構築することになるだろう。要するに、ドメインを超えECUを連携させる高度な機能が、コネクティッド、自動運転、MaaSの時代には要求される。たとえば、自動運転でレーンチェンジをするとき、エンジンスロットルやモーターを制御しながら、左右のブレーキ信号を変え、ステアリングも同時に操作する、車体の制御とエンジンやモーター制御を同時に演算し、信号を発しなければならない。ハードとソフトの連携を従来の個別のドメインを超えて協調制御できる力が必要となるのだ。

将来のアーキテクチャは、車両の「走る・曲がる・停まる」のドメインを司るアンダーボディ系をまとめる「インカー領域」、コネクティッド、HMI、快適性などのアッパーボディ系のドメインをまとめる「アウトカー領域」など、ドメインを統合する集中

図表8-4●次世代の電子プラットフォームの概念図

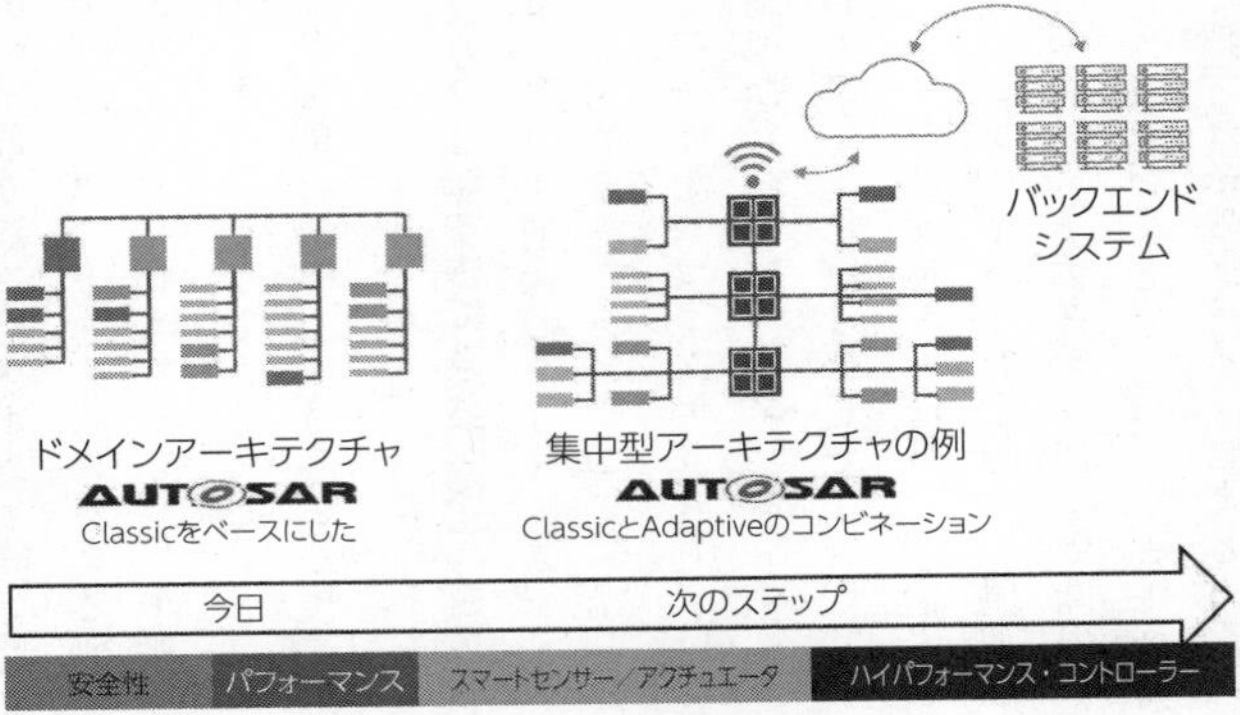

出所：エレクトロビット（Elektrobit）ホームページ

制御型のアーキテクチャへ電子プラットフォームを定めていくことになるだろう。

現行のオートザーに加え、自動運転時代に求められる仕様を盛り込んだアダプティブ・オートザーの標準づくりを強く先導するのが欧州メーカーである。強力な基盤ソフトをサポートできるベクター、ボッシュ、コンチネンタルなどの欧州サプライヤーが欧州自動車メーカーと連携を強化している。戦略パートナーシップを形成し、電子プラットフォーム整備とソフトウェア開発を進め、クルマのデジタル化と電動化の競争を勝ち抜こうとしている。

電子プラットフォーム基盤が構築できるなら、ソフトウエア開発負担の効率化を可能とするだけに留まらず、①複数の自動車メーカー間で同じ電子プラットフォームを共有化できる、②複数の自動車メーカー間でユニット部品、制御システムの共通化や流用を可能とする、③ティア1のシステム部品を量産するための開発負担を大きく軽減できる、④ティア1サプライヤーの変更が容易となるという効果も期待できるだろう。

トヨタは2021年頃には100％オートザー化した電子プラットフォームを構築し、2025年頃にはCASEに完全に対応できる集中制御型の次世代電子プラットフォームを目指している。この段階では、フルOTAをトヨタも実現できるだろう。デンソーが基盤ソフト技術から電子プラットフォームの構築までフルにパートナーシップを形成している。日本の車載電子制御システムの標準化コンソーシアムであるJASPAR（ジャスパー）との連携を深め、欧州勢の前を行く標準化も作り込む考えである。

デンソーの希望は、トヨタと共同開発する次世代電子プラットフォームを、トヨタの仲間たちにも採用してもらうことだ。これが実現できれば、グループ全体の開発資源の有効活用だけでなく、デンソーのシステム販売のビジネスチャンスも飛躍的に拡大する。

❖モジュールからITアーキテクチャへ

CASE革命の中のもう少し先のクルマのアーキテクチャを考察してみよう。クルマはPOVとMaaSの2つの車両で特性が大きく違うことはすでに説明した通りだ。POVは多様なユースケースに対応できなければダメで、非常に複雑なアーキテクチャ構造が続く公算である。一方、MaaSはユースケースが限定されるため、それぞれのニーズに最適化されたアーキテクチャが設計されていくだろう。

いずれの場合も、CASE革命のクルマは、コネクティッドと自動運転という2つのシステムを中心においた再設計がなされ進化を続けることは間違いない。インカー領域は自動運転技術を実現するパワートレインや車両制御の機能をまとめていく。アウトカー領域はコネクティッド技術がもたらすAIアシスタント、ハッキングに対応できるセキュリティ、3Dマップ、様々なV2X信号、スマートデータセンターやモビリティプラットフォームの機能を含めていくことになる。

POVでは、非常に複雑で数の多いハードウェアとソフトウェアの連携を続けていくことになるだろう。この領域では、自動車メーカーはティア1のシステム開発力に大きく依存することが続きそうだ。しかし、分散制御されたシステムがどこまでも膨張し続けることは困難であり、図表8−4にあるような集中制御型のアーキテクチャの確立が目指されるだろう。

同様の概念は、デンソー以外の有力ティア1も情報発信している。コンチネンタルは次世代のクルマの電子プラットフォームを1つの車両コンピューティング・サーバーでコントロールする包括的な「サーバーベースアーキテクチャ」のシステムを提案している。いわゆる分散型の頭脳から全体を統合制御する1個の頭脳に変わろうという提案だ。

クルマの付加価値がソフトウェアに移行することが明白な中で、自動車メーカーがいつまでティア1主導のシステム開発に依存を続けるかは新たな関心事となる。MaaSや自動運転技術の台頭を受けて、車両ビジネス全体の付加価値が大きく悪化へと向かうシナリオが現実化する可能性は高い。全体付加価値の中で、ハードウェアの付加価値はティア2が支配する領域が増え、自動車メーカーとティア1の獲得できる付加価値はソフトウェアに移行する。このソフトウェアの付加価値をティア1が支配できるのか、それとも自動車メーカーが反撃して奪い返すのか、新しい競争の構図が生まれそうだ。

この頭脳の支配者がティア1か自動車メーカーなのか、勝利者が誰であるかはわからない。ティア1にすれば、ハードウェアだけの会社になるわけにはいかず、必死で統合制御できる頭脳の確立を目指すだろう。一方、車両ビジネスの全体付加価値を防衛するために、自動車メーカーもソフトウェアの統合制御を目指してくる可能性はある。

2030年頃には、インカーとアウトカーが常に相互連携しているCASE革命の進展が予想される。情報の出入りを支配する車載OS、クルマの動作を支配する車両OSは合体、あるいは完全連携され、全体を統合制御する新しい頭脳が作られる可能性がある。

2018年8月、VWグループが発表したデジタル戦略には、「ITアーキテクチャ」という新しいビジョンが示されている。2020年から導入するEV専用のプラットフ

図表8-5 ● VWの次世代ITプラットフォームの概念図

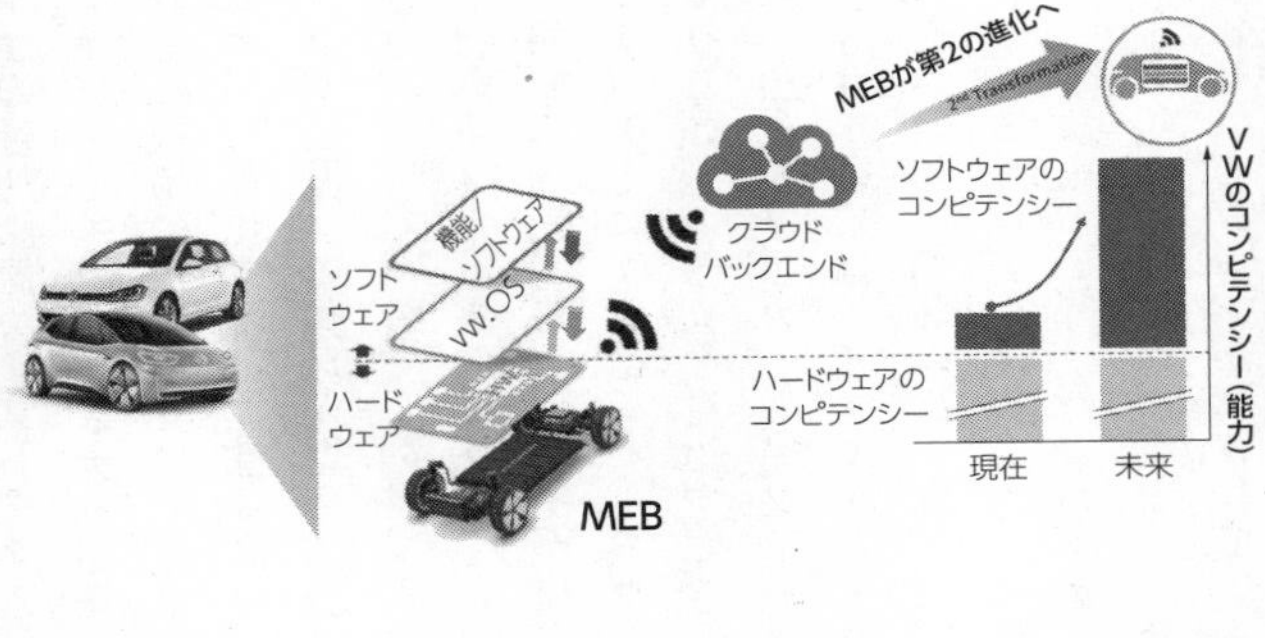

出所：VW資料。ナカニシ自動車産業リサーチが一部翻訳

ォーム「MEB」がVWのものづくり改革の第一歩となる。MEBはVWのコネクティッドエコシステムを支えるプラットフォームとして進化し、将来はソフトウェアの価値をまとったITアーキテクチャへ第2のステップを目指すとする。図表8−5に示した通り、ITアーキテクチャはハードウェアとソフトウェアの切り離しを可能とし、継続的なアップグレードを実施する基盤になっていく[16]。

VWのITアーキテクチャとは、クルマのアーキテクチャの進化を示したビジョンと捉えていいだろう。VWはビジョンを示し、説得力のある絵を描く点で非常に優れている。VWは、「vw.OS」がすべてのソフトウェアを支配すると言う。厳密にはOSというよりは、クルマの頭脳であろう。

ソフトウェアとハードウェアの切り離しが実現し、ソフトを統合制御するシステムに変わっていくのであれば、システム部品を組み上げ、その量産を支えてきたティア1の競争領域に大きな変化が到来することになる。ハードウェアの付加価値は間違いなくティア2に移行し、切り離されたソフトウェアの付加価値を自動車メーカーが牛耳る可能性もある。

4●サプライヤーには好機と危機の両面

❖ IoTインフラ企業を志すボッシュ

ドイツのシュツットガルトに拠点を置く、世界最大の自動車部品メーカーがボッシュである。特定の自動車メーカーから独立し、対等な立場からティア1サプライヤーの地位を築いてきた。自主独立を経営理念に掲げるボッシュは、「企業の明るい未来は、財務の独立性を維持し、顧客にとって強力で意義深い開発をすることで手に入る」という創業者のロバート・ボッシュの思想を今日も堅持する開発型の企業である。

ボッシュはトレンドを追うような会社ではない。コンセプト付けからビジネスデザインを自らが構築・提案し、産学官との連携を導きながら、トレンドを作り上げていくデザイン型の企業だ。新しいトレンドに不可欠な技術とコンポーネンツの開発を事前に進め、必要なときに世界で最も先進的なものを提供してくる。メカトロニクスの技術、ものづくりの力を併せ持っているだけでなく、近年ではソフトウェアの開発力で群を抜いている。組み込みシステム開発のＥＴＡＳを１９９４年に完全子会社化し、インドではソフトウェア拠点の整備で他社を大きく凌駕した成果が出ている。

２０１５年に独ＺＦが米ＴＲＷオートモーティブの買収を契機に、ＺＦとの対等合弁会社であったステリング製造のＺＦＬＳ（ZF Lenksysteme）を完全子会社化したことは重大な進展となった。「走る・曲がる・停まる」＋ソフトウェアというすべての重要技術を手中にできた。ＺＦＬＳの電動ステアリングの技術を取り込んだ結果、車両目線で価値を提供できるティア１となったのである。

２０００年代から、ＩｏＴ事業の強化戦略が進められてきた。ボッシュの現在のビジネス戦略は、ＩｏＴとＡＩをベースに、社会インフラ事業とサービスプラットフォームへの転換を進めている。２０１６年、自動車事業の名を捨てて、モビリティソリューションズへ名称を変更した。伝統的な自動車の文化から脱皮し、モビリティを軸とする企業文化と事業への転換を加速している。

ＩｏＴプラットフォーム「ボッシュＩｏＴスイート」の立ち上げはその一つで、クライアントへＩｏＴサービスを開始した。２０００年代の早い段階からドイツのイノベー

図表8-6●ボッシュのIoT事業のサービスプラットフォーム戦略

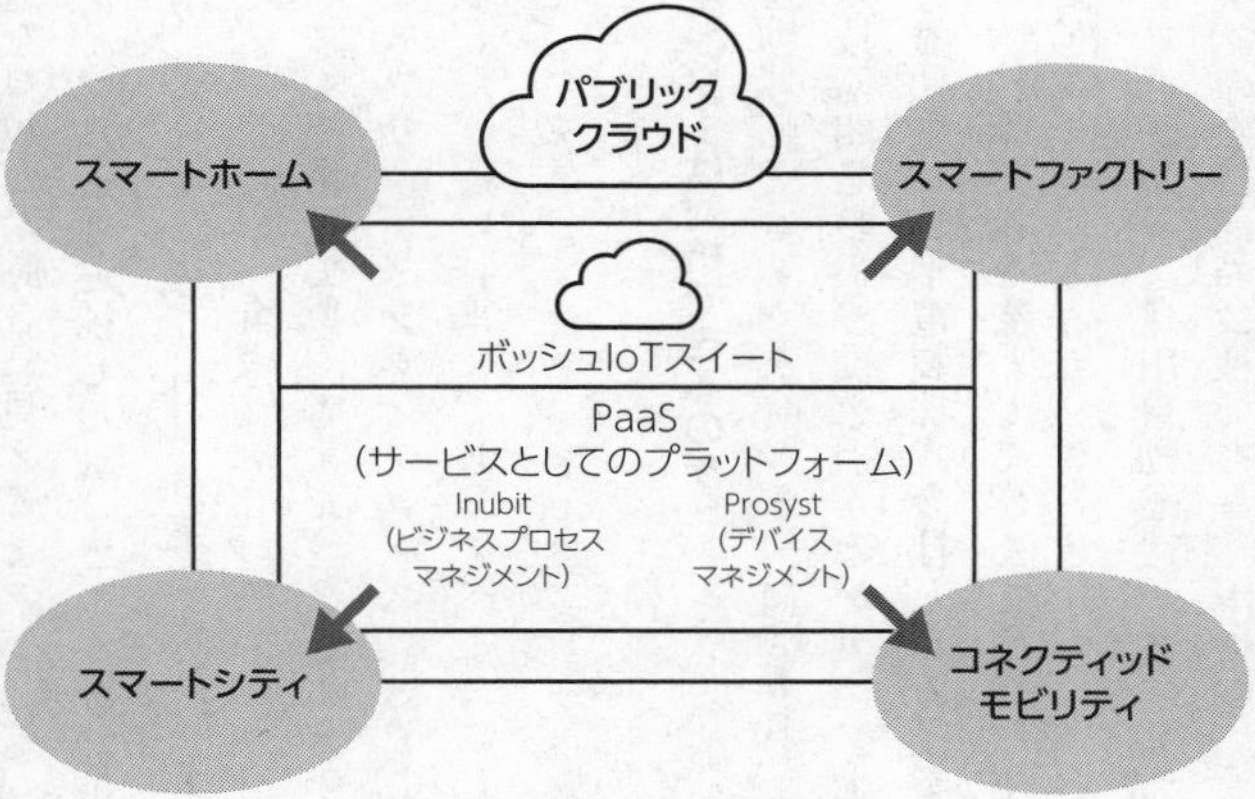

出所：The Bosch IoT Suite資料、2次情報を基にナカニシ自動車産業リサーチ作成

ション・ソフトウエア・テクノロジー（Innovation Software Technologies）を買収し、ＩｏＴ時代の到来を前に事業の中核組織に取り込んだことが奏功している。ビジネスプロセスやデバイスマネジメントの企業を買収し、サービスプラットフォームを着々と構築している。

ボッシュは、「スマートホーム」「スマートファクトリー」「スマートシティ」「コネクティッドモビリティ」の4つの事業を注力領域とする。家、工場、クルマをインターネットでつないだ新しい事業モデルを探っている。目指す方向は、社会インフラ事業への発展であり、クルマが社会のデバイス化されるコネクティッドや自動運転社会の先を見越した動きに見える。

ドイツ鉄道と連携した駐車場の空き駐車スペースを示すオンラインマップを整備し、「Bosch」ブランドを前面に出した駐車場の経営、自動駐車システムなどを展開してきた。2020年までにボッシュの電化製品のすべてをインターネットにつなげ、サービスも提供していく考えだ。2018年に、米国の相乗りサービスのスタートアップ企業スプリッティング・フェアズ（SPLT）を買収し、ライドシェア事業への参入を実現した。近い将来に、EVをベースにしたロボシャトルを事業化することも正式に発表している。

❖デンソーは対抗できるのか

自動運転、コネクティッド、MaaS、電動化のCASEの全領域で、トヨタグループの技術開発の主導役を担うのがデンソーだ。トヨタの開発部隊が前身にあり、電装部が分離独立し日本電装株式会社として創業したのが1949年だ。ボッシュから出資を受け、技術提携を交わして学んできた歴史が過去にあった。今は、ボッシュと競う世界第2位の自動車部品メーカーである。

トヨタが24%、豊田自動織機が8・9%、東和不動産が4・2%を出資するトヨタグループの中核部品会社である。ボッシュ、コンチネンタルが持たない熱機器事業（エアコン等）を有し、電動化技術に強みがある。一方、ブレーキ事業がアドヴィックス、ステアリング事業がジェイテクトに分散しており、「曲がる・停まる」の開発機能がデンソーの本体にない。車体全体を制御する技術や発想の不足がデンソーの弱点と考える。CASE革命に対応すべく、デンソーは最も激しい改革を進めている企業の一つだと思われる。2018年2月に大規模な組織改革を実施し、CASE開発を加速化する新組織にくくり直した。モビリティシステム事業グループを立ち上げ、インカーとアウトカーが一体となった統合システム開発を進め、車両全体の視点からの価値提案を行う新しい強みを引き出す考えだ。

デンソーは、トヨタ向け次世代電子プラットフォームを開発し、ソフトウェアとハードウェアを切り離した集中制御を可能とする車両と頭脳の開発を推進する。インカー領域では、ADAS製品、アウトカー領域では、コックピット、コネクティッドのシステム開発を加速化させている。トヨタのみならず、マツダ、スズキ、SUBARUも含めたトヨタの仲間への拡販も狙うだろう。

CASE革命への対応に不足する技術は、提携や買収を通じ過去2年で大幅に拡充してきた。富士通テン（現、デンソーテン）を子会社化し3000人近いIT人材を確保した。東京と横浜にソフトウェアの開発センターを設立するなど、ソフトウェア開発センターとIT人材の補充を進めている。EVの基盤技術開発会社「EV-CAS」、自動運転技術の先行開発会社「TRI－AD」（2020年1月よりウーブン・プラネット）、自動運転技術車向け統合ECU開発会社「ジェイクワッド・ダイナミクス」、電動車の駆動モジュール開発・販売会社「ブルーイーネクサス」へ資本と人材を投入し、CASE事業で本格的な事業拡大を狙っている。

デンソーにとって、TRI－ADで車両単位の自動運転技術やスマートシティの開発に取り組める意義は大きい。車両レベルでの自動運転開発の知見や経験を得ることを可能とし、統合制御のノウハウを得られるチャンスである。一方で悩みもある。トヨタの壁を越えてデンソー独自の路線を作り出すことが容易ではないことだ。トヨタ主導で進められるこうした一連のプロジェクトはグループやトヨタの仲間に横展開されるが、世界の自動車メーカーへの広がりには時間がかかるとみられる。ボッシュやコンチネンタルが自ら車両開発事業やIoTのプラットフォームへ事業展開を広げるのを横目に、トヨタ戦略を最優先しなくてはならない。

現在のトヨタグループの思惑としては、系列サプライヤーの未来の絵図を構想する前に、ボッシュ－ダイムラー－エヌビディア、コンチネンタル－BMW－インテル・モービルアイ連合といった世界チームに対して、勝ち残れる成果をいち早く生み出せるかがまずは優先される。ホームとアウェイを再定義し、得意分野への役割分担を明確化し、まずはこの戦いに勝利しなければ、その先がないということだろう。

第9章

2030年の
モビリティ産業の覇者

Connected **A**utonomous **S**hared & Service **E**lectric

1 ● 電動化の勝利者は誰なのか

❖ 世界EV戦争の勝利者は誰なのか

2030年のEV比率が9%に留まるという予想を示した通り、一般的に期待されるほどEVの普及が簡単に達成されるとは考えていない。インフラ、原材料価格、電池の世代交代など、阻害要因は多く、EVがごく普通の選択肢となるのは、もうしばらくの時間が必要だと考える。

しかし、環境規制の強化へと向かう世界の流れは自動車メーカーを待ってはくれない。EVに留まらず様々な電動化技術の推進とその最も中核にある部品である電池性能の引き上げはどの自動車メーカーにとっても最も重要な課題であるし、それぞれの戦略構築の中核にある。エンジンやハイブリッド技術に強みがあれば、可能な限りその競争力向上を図り、EVに強く依存せずとも環境規制対応ができる道を選ぶだろう。逆に、エンジンやハイブリッド技術が不利であれば、電池性能に比重をかけた戦略を選択し、よりEVを加速化させるパワートレイン政策をとるだろう。それぞれに戦略があり、誰が勝利者かというものではない。

自動車メーカーが最適なパワートレイン・ミックスを検討するとき、ＥＶ、プラグイン・ハイブリッド、ハイブリッドといった電動化を進める方向性と、エンジンの燃焼効率を向上させる2つのアプローチがある。ＶＷ、ルノーは電動化軸を優先するメーカーであり、マツダは燃焼効率の改善軸を最優先する最も典型的な会社である。トヨタやダイムラーはこの中間に位置する。どちらのアプローチが正しいというものではない。メーカーの技術力、ブランド、製品、市場が複合的にブレンドされて決まっていくものである。それぞれ収益性と相談しながら決定していくものだ。

図表9－1に示した通り、ＥＶ規制の強まる欧州／中国市場への販売台数の構成比を横軸にとり、各自動車メーカーの２０２５年から２０３０年に向けたＥＶ販売比率の目標やビジョンを縦軸としてプロットしたとき、きれいな正比例の傾向線が描ける。日・米・欧・中の主要市場で電動化への規制要件が大きく違うことから、ＥＶ戦略は、地域の販売構成の差異に大きく左右されるのである。欧州自動車メーカーは右上、日本車メーカーは左下に集中し、米国勢はちょうど中央に位置する。

中国の新エネルギー車（ＮＥＶ）、米国のＺＥＶ、欧州都市での運用規制など、ＥＶ需要に大きな影響を与える規制が本格的に始まる。これを受け、各自動車メーカーはＥＶ専用のグローバル・プラットフォームを開発中である。

これらの主力自動車メーカーのＥＶ専用プラットフォームの開発に重大な影響を及ぼ

図表9-1 ● 欧州・中国販売比率と2025～2030年でのEV販売比率の期待値

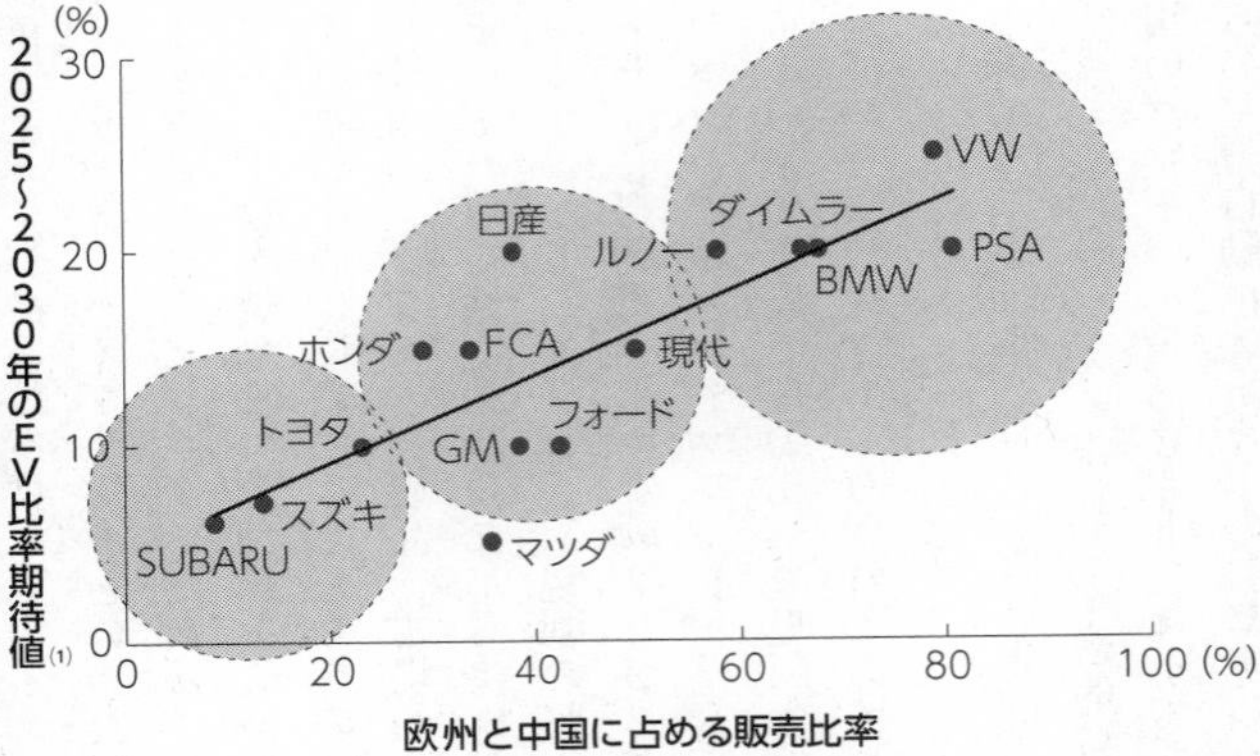

注：一部ナカニシ自動車産業リサーチ推定値を含む
出所：ナカニシ自動車産業リサーチ

したのが、テスラのモデルSであった。VWのMEB、ダイムラーのEQなど、大量に効率良くバッテリーを搭載するテスラのプラットフォームを追っている印象が強い。こういったEV専用プラットフォームは、高く価格設定できるプレミアムセグメントとの親和性が高い。したがって、中国プレミアムセグメントでは好調に販売できる期待が高い。しかし、電池価格が期待ほど低下しない場合、大衆車には重く高いプラットフォームとなるだろう。ただ、大量に電池を搭載するプラットフォームだけが、EV化へのソリューションとなるわけではない。

2020年から2021年にかけ

てその新製品が大挙して市場へ投入されるＥＶ新車ラッシュが訪れる。その中には大ヒットするモデルもあるだろうが、供給過多に陥り、ＥＶ市場がいわゆる「レッドオーシャン（血の海）」と化すリスクがあることを認識すべきだろう。

第7章で結論付けた通り、ＥＶだけで環境問題が解決するわけではない。「ＥＶはいまだ技術が確立した存在でもない。電池タイプ、電池形状、インバーター、半導体素子、モーターなど、今後進化する要素技術は多い。また、全固体電池への進化という決定的な技術革新が控えている。ＥＶは時代の始まりを迎えていることは間違いないが、まだまだ黎明期の製品である。どのような進化を遂げ、その中で、どのような姿が究極的な勝利者となるかは断言できない」。マツダの技術を担当する藤原清志副社長はこのようにＥＶの進化を語った。

第8章で紹介したＥＶ－ＣＡＳは、トヨタ、マツダ、デンソーの3社合弁で立ち上げたＥＶアーキテクチャの基盤技術開発を担った。この先のＥＶ進化の数多くのシナリオを想定し、モデルベース開発（ＭＢＤ）によって基本となる共通のモデル、社名にも用いられているコモン・アーキテクチャーを開発することで設立された。数多くの日本メーカーが参画しているが、コモン・アーキテクチャーの開発では協調しながら、これを活用した自社の専用プラットフォームによる商品開発では互いに競争するという仕組みである。２０１９年中に、モデルづくりと試験車衝突実験が完了した。これをベースに

図表9-2●主要自動車メーカーのEV戦略のまとめ

	VW	ダイムラー	GM
2025〜2030年でのEV比率	**25%**	**15〜25%**	**開示なし**
EV販売台数計画	200万〜300万台のEV販売を目指し、そのうちVWブランドは100万台	2025年までに50万台のEV販売台数を目指す	2026年に全世界でEVを100万台販売する計画
投入車種	2025年までに30のEVを市場へ投入、2030年までにすべての300のモデルにEVモデルを設定	2022年までに50の電動車モデルを投入し、10車種のEVを市場投入へ	2023年までに20車種以上のEVと燃料電池車を発売
投資金額	2030年に向けて200億ユーロの投資を実施、電動部品の購買契約は500億ユーロ	開示なし	開示なし
EV専用プラットフォーム(導入時期)	MEB（2020年） PEA（2019年）	EQ（2019年）	BEVIII (2021年)

	フォード	トヨタ	日産－ルノー－三菱
2025〜2030年でのEV比率	**開示なし**	**約10%**	**開示なし**
EV販売台数計画	開示なし	2030年までに電動車550万台を発売、そのうちEVとFCEVで100万台を販売	日産は2022年までにEV、HEVモデルを100万台販売する計画
投入車種	2022年までに、全世界の電動車ラインアップを40車種に増やし、そのうちの16車種をEVに	2020年前半には世界で10車種以上のEVを実用化	CMF-EVを基に、EVを12車種投入
投資金額	電動化に110億ドル以上を投資	開示なし	開示なし
EV専用プラットフォーム(導入時期)	開示なし	EV-CAS (2021年)	CMF-EV (未定)

出所：会社情報、2次情報を基にナカニシ自動車産業リサーチ

各社はEVプラットフォームの開発に着手している。「出遅れた」と批判されがちな日本連合のEVアーキテクチャがどういったソリューションを世に示すのか、非常に興味深い。

もう一つ、紹介したい日本の技術がある。トヨタのMaaSプラットフォームである「イーパレット」は、ロータリー・レンジエクステンダー（発電機）付きのEVというパッケージを提案している。レンジエクステンダーとはEVの航続距離を伸ばす目的の小型発電機だ。ロータリー・レンジエクステンダーは技術パートナーのマツダが供給すると想像できる。

かつて夢のエンジンと言われたロータリーエンジンは、2012年を最後に生産が停止している。それが、未来のプラットフォームの「イーパレット」で復活するのであれば、いかにも夢を感じさせる。ロータリーは水素との相性が非常に良いところも日本の国家戦略との親和性がある。ロータリーは燃焼と排気の場所が違うことから水素を燃やすことに適している。水素インフラ整備を支える一つの選択肢となれば、日本にとって素晴らしい展開だ。

❖ EV化で起こるものづくりへの影響

EVシフトすれば部品点数が減少し、クルマの製造工程がブロックを組み上げるような単純化を迎えるという意見がある。確かに、使用制限を定めるMaaS車両や、革新的な新型電池が生まれ車両性能がほぼ電池性能によって決まる将来には、指摘される単純化が起こる可能性はある。

EVは構造上はシンプルだが、それで設計やものづくりが簡単になるというような単純な関係ではない。現在のように電池性能に制約があり、そのコストも高い場合、衝突安全規制に対応しながら走行や電費性能のバランスを取るような、複雑な擦り合わせを必要とする全体的な設計能力が必要である。

単純な影響を試算すれば、こういった感じだろう。ガソリンエンジン車は2万〜3万点の部品を使用しており、約20%がエンジン、7%がトランスミッション、5%がエンジン制御の電子部品であり、EVシフトすればこれらの部品を必要としないため1万点の部品点数が減少する。一方、電池、モーター、インバーター、バッテリーマネジメント、高電圧ケーブル、車載充電器、熱交換機などのEVならではの部品が約2000点加わる。相殺すれば部品点数は約25%減少すると試算される。それでも、まだまだ非常に複雑な工業製品であることに変わりはない。

ものづくり領域への影響を考える場合、EV単独の影響を議論するよりも、複合的なパワートレイン・ミックスのものづくりを支える能力が必要となることに着目すべきだ。EV普及は拡大するが、エンジンもモーターも両方使うハイブリッドやプラグイン・ハ

図表9-3●エンジンを搭載する車両の世界販売台数予測

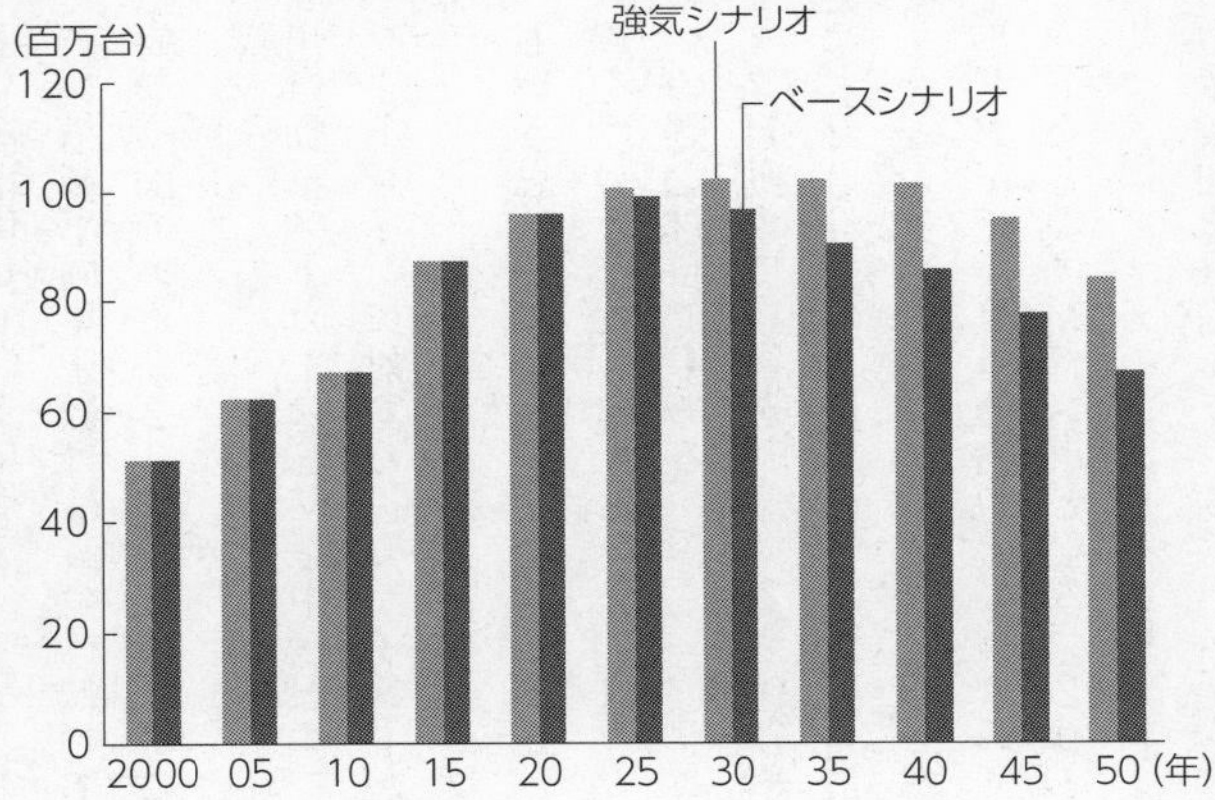

出所：ナカニシ自動車産業リサーチ予想

イブリッドの普及も同時に拡大する。両方のものづくりを支える二刀流の戦いを乗り切らなければならない。

新型コロナの感染が拡大する前の予測として、ハイブリッドやプラグイン・ハイブリッドも含めたエンジンを搭載する車両の販売台数予測を図表9―3に示した。2030年では1億台、2035年には20%縮小した8000万台の悲観シナリオから、2040年でも変わらず1億台の市場を確保するという強気シナリオも存在する。従来のエンジン部品に加え、電動化構成部品が加わることで、市場全体での1台あたりの部品点数は現在よりも増加する可能性が高い。ものづくりの現場はEVシフトによる単純化の構図ではなく、より複雑化していくだろう。一方、ベースシナリオでも2025年は転換点となり、エンジン搭載車両生産数量は減少へ転じていく。EVシフトに対応できる事業構造転換は重要な議論である。2035年頃までには、EVシフトへの対応を実現することは必要である。

欧州自動車メーカーのEVを中核とする電動化推進を受けて、欧州の自動車部品産業はパワートレインに対する投資マインドが冷え切っている。欧州自動車メーカーはオートマチック・トランスミッションなどパワートレインビジネスを国内部品産業に依存したいという思いが強い。少なくとも2030年頃まで、国内自動車部品メーカーは強い追い風を受けそうだ。しかし、そのような恵まれた環境に甘やかされすぎることは逆に将来への懸念材料でもある。

トヨタ自動車で技術を管掌する寺師茂樹副社長は2017年12月に同社の電動化戦略を定め、2030年に同社の世界販売合計のうち550万台以上を電動化し、2050年までにすべての販売車両を電動車に変えることを宣言した。2030年の段階で、EV・FCVで100万台以上、残りの450万台がハイブリッド、プラグイン・ハイブリッドなどのエンジン車となる。2017年実績では、EV・FCVはほぼゼロ、ハイブリッド、プラグイン・ハイブリッドは約151・7万台にすぎず、凄まじい電動車両の生産増加を目論んでいる。

しかし、寺師副社長は以下のように警鐘を鳴らす。

「世界の今後の燃費規制対応を考えれば、ハイブリッド技術の優位性は高い。４５０万台という数値は予想よりもかなり早く達成できるかもしれない。しかし、それに油断することは許されない。経済合理性だけを考えれば、燃費性能向上に対し、お客様の実益は反比例、技術コストは正比例という関係がある。ハイブリッド比率は大きく伸びる余地が残されるが、それが直線的に上昇するという意味ではなく、どこかのポイントで逓減するリスクを理解しなければダメだ。その先は、電池の競争力に大きく左右される」

つまり、1リッターあたりの燃費が20キロの時代に月1万円のガソリン代を支払っていた世帯は、燃費が倍の40キロになれば５０００円の燃料費を節約できるが、80キロになったときには２５００円の追加節約にしかならない。消費者のメリットは燃費性能の向上に反比例するが、費用は確実に上昇していく。優れた技術がいつまでも素直に伸び続けるとは限らない。技術を盛り込めばユーザーが喜ぶと考えてはダメなのである。

燃費規制に対応するには、ハイブリッドは本命の技術であると考えられる。だからといって、技術力で勝るものが常に勝利できるという意識は変えていかなければならないだろう。技術力におぼれ、高いコストから脱却できず、孤立してしまうことは危険だ。電池性能が伸びれば、この芸術的なハイブリッドの制御技術は徐々に封印されていく運命にある。

ハイブリッドで成功している国内自動車産業は、この技術を広く世界に受け入れられる道筋を考えなければダメだ。同時に、ハイブリッドの次の環境技術の戦略をどうするのか、見定めていくべき時期に差し掛かっているだろう。サプライヤーはパワートレイン事業を賢く受注し、しっかりと儲けて、将来戦略へ再投下していくべきだろう。

2 ● 中国の自動車戦略とどう向き合うか

❖ 中国新エネルギー車（NEV）市場の実像

中国のNEV市場が急速に拡大していることは事実であるが、その需要の多くの部分が補助金やナンバープレート規制に支えられていることは第7章で説明した。現在の需要政策を、供給型の政策へ転換させるのがNEVクレジット制度の狙いである。政府の補助金は減らすが、NEVクレジット転売益をインセンティブとすることで、NEV生産台数を拡大させ、電池を中心とした中国の電動化部品産業の国際競争力を確立することが最大の狙いである。

しかし、NEVクレジット価格は低迷を続けており、NEV政策は壁につきあたっている。2020年の中国で各自動車メーカーのNEV生産能力を合算すると、驚くことにすでに400万台に達している。これは、政府が販売目標とした同年の200万台の

2倍の水準であり、かなりの低稼働率に陥るリスクを示している。レンタカーやライドシェアで生産を吸収できる計画を受け皿として持っていなければ、在庫の山を築きかねない。メーカーによっては不採算事業に陥るリスクがある。

需給関係の悪化を察知し、NEVクレジットの流通価格は暴落状態なのである。NEVクレジットの売買益がインセンティブにならなければ、補助金を廃止しながらも供給力を増大させようという中国政府の戦略は水を差されることになるだろう。

長期的に引き上げられるNEVクレジット要求を満たしていけるだけの個人保有のNEV需要が創造できるのか、見通しには悲観論も多い。中国大手自動車メーカーは2020年の目途付けに自信を示すが、長期的な需要見通しには必ずしも楽観的ではないのだ。EVは、中期的に、①プレミアム車、②廉価小型車、③コミューターセグメントの3セグメントで需要が生まれていく公算が大きい。個人保有車市場で簡単にNEV需要が獲得できないとなれば、レンタカー、ライドシェア、タクシーなどのシェアリングの販売ルートを確保していくことは重要である。

開発が進む自動運転をインフラに据えるスマートシティ構想に向けたMaaS専用EVの市場にも注目すべきだろう。スマートシティ構想は各都市で進められている。注目の市場ではあるが、額面通りに進められるか否か、中にはあまり実体が伴わない「打ち上げ花火」もあるようだ。政治家や官僚にすれば、こういった大規模プロジェクトは出世の道具である。調印式の数に比例して、ＭａａＳ車両の需要が素直に拡大するのか、見極めなければならない部分はある。

❖迎合するところと反抗するところ

中国のＮＥＶ政策推進は苦難の道に見えるが、国家戦略の背景を理解することは重要だ。狙いは中国電池産業の育成であり、その競争力の確立を優先することにある。ＮＥＶを全面的に広げていくことが現実的でないことは、中国政府も十分に承知しているはずだ。ただ、ＮＥＶ政策を契機に圧倒的な強みを持った中国電池産業を確立することを優先させる。必要なパワートレイン・ミックスの構築は、それから段階的にゆっくりと進めていけばいいということだ。

第三者には逆説的に聞こえるかもしれないが、ハイブリッドや燃料電池車なども含めた本格的なパワートレインの分散化を、中国も近い将来に進めていくだろうと筆者は予想する。ただし、それは電池産業の競争力を確実に押さえたあとである。これは、日産がＥＶのリーフを先行させ、その電池の力を活用して「ｅ－ＰＯＷＥＲ」と呼ぶハイブリッドを拡販している戦略と同じ構図なのである。

中国のＮＥＶ政策は、電池産業の国際競争力を確立する戦略だが、その帰結としてすべてのクルマをＥＶ化したいわけではない。中国の本音は、その電池の力を借りながらエンジンやハイブリッド技術の弱さを補完することにあると考えられる。

日本が得意とするハイブリッド技術で正面勝負をしても中国には不利な戦いだ。電池のコスト競争力を高め、多めの電池を搭載することでより性能の高いハイブリッド車を生み出すことが可能となる。中国のNEV戦略は、EVにどこまでも猪突猛進する戦略ではないと認識することは大切だ。

事実、2020年6月22日、中国工業和信息化部（工信部）は懸案であったNEVとCAFCのダブルクレジット運用方針の2021〜2023年修正の内容を開示した。その中で、前年来検討されてきた「低燃費車」をクレジット運用の中で優遇し、ハイブリッド車が強くそのメリットを享受できることになったのである。一方、NEVに関しては第8章で示した通り年間2％の要求クレジットの引き上げに留められた。2025年でのNEV要求クレジットを従来の20％から25％に引き上げるという意欲的な目標の上方修正は影をひそめた。

基準を満たす低燃費車生産台数に対し、2021年に0・5倍、2022年に0・3倍、2023年に0・2倍の係数を乗じた結果の台数をNEVの要求クレジットから除くことができる。計算式はこうだ。2021年に100万台生産しているメーカーが、仮にハイブリッド車がゼロの場合、NEVクレジットを算出するベース台数は100万台＋0万台×0・5で100万台となる。要求クレジットは14％であるので、100万台×14％となり14万NEVクレジットが要求される。

一方、2023年にハイブリッド比率を30％へと引き上げれば、70万台＋30万台×0・2で76万台が基準となる。要求クレジットは18％へ上昇しているが、13万7000クレジットで済むことになる。すなわちハイブリッド比率が30％の自動車メーカーはゼロのメーカーよりも24％（30％×（1－0・2））も低いクレジットで規制をクリアでき、売りづらいNEV生産の圧力を大幅に軽減できるのである。同時に、CAFCの燃費規制にも準拠しやすくなるのである。

電池産業の育成で大きな成果を確信し始めた中国政府はゆるりとハイブリッド技術育成政策を打ち出したのである。NEVだけでは環境問題はクリアできない。ましてや、欧州と同様にLCAに基づくCO_2規制で世界に先んじようとしているのが中国だ。NEVだけで政策が実行できるとは考えていないだろう。ハイブリッドや燃料電池車も含めて環境問題へ対峙していくことになるだろう。

こういった中国の戦略を正しく理解したうえで、国内自動車産業は強気と慎重の双方をほどよくバランスさせて電動化政策に取り組んでいくべきだ。EVへ安易に迎合することは相手を利するだけであるが、まったく逆走しても最終的に電池の力で日本が得意とするハイブリッドの優位性を封じ込められ、結局は負けるだろう。中国と組むことで利する部分と、中国の産業戦略に安易に迎合し囲い込まれることを避けて袂を分かつところを上手に切り分ける姿勢が必要だ。

3●2030年のモビリティ産業の覇権は誰の手にあるか

❖新時代に求められる競争力とは何か

2006年に米国のGMを抜き去り、世界の首位に立っていたのは日本のトヨタ自動車だ。2007年と東日本大震災の影響を受けた2011年に一時的にGMへ首位を譲ったことはあるが、世界トップはトヨタの定位置であった。しかし、この定位置を奪ったのはVWグループであり、近年は三菱自動車をグループに取り込んだルノー日産陣営がトップに接近している。近代的な自動車産業にとって、欧州メーカー群がトップを争うということは初めての出来事だ。

振り返れば、2000年から2010年までは、日本のものづくりの成果が最も発揮された時代だ。擦り合わせと個別最適に基づくものづくりの力が、世界に認められるクルマを廉価に生み出していった。「走る・曲がる・停まる」の基本機能に加え、品質や安全性などの点で競合を凌駕するクルマを生み出してきた。垂直統合されたサプライヤーとの高度な擦り合わせを実現し、ものづくり能力が世界一のトヨタや米国でのホンダのブランドが築かれてきた。米国の象徴でもあったGMを2009年に経営破綻に追い込んだところで日本車のピークを迎えた。

これを覆したのが、欧州自動車戦略だ。欧州メーカーが競争力を磨いた要素についてはすでに何度も触れてきたが、標準化とオープン化の枠組みに儲けるメカニズムを組み込んだ戦略であり、ディーゼルエンジン、小排気量過給ガソリンエンジンなどが代表例だ。世界に先駆けて様々な厳しい規制を導入し、技術の主導権を握ってきた。それを世界のデファクト標準に広げ、中国などの新興国を囲い込む。この結果、中国市場は欧州自動車戦略の最大の成功市場となった。

2030年に向けた次の10年の競争力も欧州メーカーが進めるクルマのデジタル化に主導権を握られそうだ。それがCASE戦略だ。デジタル化、電動化を推進し、クルマをIoT端末として、自動車産業を製造業からモビリティ産業へ変革させようとしている。復権を目指すGMはこの変革を加速化させようとする内なる破壊者である。

自動車産業は、伝統的なものづくりと新興してくるMaaSの基盤づくりの双方を同時にこなさなければならない。コネクティッド、AI、電動化の3つのコア技術を高めることは言うに及ばず、「ものづくり」と「ことづくり」の双方を極める二刀流の戦いに挑んでいかなければならない。

❖ものづくりとMaaSを融合

移動をサービスとして提供し、マイルあたりや時間あたりで課金をしていくMaaS事業の成長力は魅力的だ。POVの総移動距離が年率平均2％で成長する中を、MaaSのそれは同15％以上で成長を続ける可能性が高い。MaaSの総移動距離をビジネスとして取り込んでいくなら、クルマの製造販売にもまったく新しいビジネスモデルの展開が可能となる。サブスクリプションモデルによりクルマの使用サービスを提供し、カーシェア、ライドシェアのプラットフォーマーにもなれる。モビリティサービス・プラットフォーマーとして、自動車産業は成長戦略を描けるだろう。

すでに説明した通り、MaaSには利用者とサービサーの間にモビリティサービス・プラットフォーム（MSPF）が必要となる。グーグル他のGAFAがMSPFを牛耳る可能性もあるだろうが、人の命を預かる移動のプラットフォームがすべてGAFAに占領されるというのも現実的とは思えない。クルマの世界を知り尽くし、すでに製造・販売・メンテナンスでリアルなプラットフォームを構築している自動車産業と、サイバー空間で巨大なネットワークを築いたGAFAが協調する世界が最も現実的な未来ではないだろうか。

GAFAはクルマの製造やメンテナンスには興味があるはずもない。GAFAのモビリティ産業におけるプラットフォームづくりには、高品質なMaaS車両を提供し、高効率なメンテナンスを提供する事業者が必要となるはずである。ものづくりは簡単にはコモディティ化せず、競争領域として付加価値、収益を生み出せる好機がある。

MaaSのビジネスモデルで何よりも重要なことは、サービサーが収益を上げ、有益なユーザー体験を生み出し、エコシステムを完成させることだ。それを実現するには、AIと半導体は不可欠であるが、移動を支える高性能なMaaS車両も不可欠である。サービサーにとっては、幅広い多機能性を備え、イニシャルコストが低く、メンテナンスフリーなMaaS車両が欲しいはずである。

低コスト化、高稼働率を実現するためには、高速領域での走行性能や安全性、ピットに入ったあとの高効率で低コストのメンテナンスが成功のカギを握る。こう述べてもGAFAにはピンとこないかもしれない。あるいは、これが凄まじく大変な領域であるということをすでに知っているから、気がつかないふりをしながら上手に自動車産業を巻き込もうとしているのだろうか。競争力の高いMaaS車両への需要は大きいはずで、MaaS車両の製造・メンテナンスという領域は重要な競争領域となるはずだ。メンテナンス事業はカーディーラーが大きく巻き込まれていくはずだが、安穏としていたら、有能な新事業者に根こそぎ奪われかねない。

自動車産業には、MaaSの領域でも、伝統的なものづくり領域でも、ビジネスを活性化し、躍動感の強い成長産業へ転身できるチャンスがある。伝統的なPOVの製造・

販売に加え、MaaS車両の製造・メンテナンス、MSPFで収益を増大できる。望めば、自らオペレーターとしてサービサーで稼ぐこともできるだろう。その実現には、CASE革命の中にあっても儲かるものづくりの力を磨き上げていかなければならない。自動車産業はものづくりとMaaSを融合させることで、競争優位を築き上げることが可能と考える。

❖CASE革命における勝つものづくり

CASE革命の勝つものづくりには様々な能力構築が必要となる。本書の中でその詳細に入るにはいささかページが足りない。このテーマは別稿で詳細に検討をしたい。第8章でまとめた部分の繰り返しとはなるが、まずは、目前に迫った3つの課題を克服することがスタートとなることは間違いない。それは、開発プロセスの見直し、次世代アーキテクチャの構築、伝統領域の収益性の再構築の3点である。

戦略ティア1パートナー、量産ティア1パートナーの開発への巻き込みを図り、自動車メーカーはCASE対応のより上流の技術や企画のプロジェクトデザインに資源を投下しなければならない。そのためには、CASE革命の激変の10年を一括企画できるプロデューサー能力が求められるのだ。

さらに、ティア2との強力な関係構築が重要なカギを握り始めるだろう。有力ティア

2企業との直接的な関係構築や、まったく新しい技術を創造する新興企業の力を、企画や先行開発へ組み込む仕組みを新たに構築しなければならない。

クルマはインカーとアウトカーの2つの領域がソフトウェアで連携され大きな頭脳で動くようになる。地域ごとに分散化し複雑化する電動パワートレイン・ミックスも包括的に取り込んで、大規模なシステムのグランドデザインを作り上げていかなければならない。ハードウェアが著しく増加する一方、それを制御するソフトウェアが複雑化を極め、ハードとソフトの連携を整理する能力が必要となる。分散から集中制御に電子プラットフォームのアーキテクチャが変わるなら、統合制御を司る中央集権の大きな頭脳がどういう形で形成され、誰によって支配されるのかは、大変重要な論点になっていくはずだ。

CASE革命の中で、POV本業の収益性をどのように守り、さらに高められるのか。目先の固定費管理や開発効率は最初の一歩にすぎず、すべてのコスト構造を見直していかなければならない。2030年に向けて新しいコスト競争力を生み出せる切り口を考えなければならないのである。10年間の一括企画の中で、CASEの要素技術をどこまで織り込み、新たなコスト削減を生み出せるのか検討しなければ生き残ることは難しいだろう。脅かしているのではなく、現段階で2025年以降のCASE時代の車両企画が具体化していなければ、負けるものづくりとなることを覚悟すべきだと考えている。

こういった変化を整理し、量産技術を確立できる能力がＣＡＳＥ革命を戦う武器となっていく。

4●日本企業が勝ち残るために

❖思い出すべきかつてのベンチャースピリット

２０１８年５月の決算発表の記者会見に臨んだトヨタ自動車の豊田章男社長には考えさせるメッセージがあった。モビリティ会社への転身を図るとき、トヨタはどのようにイノベーションを起こしていくのかという問いに対する答えだった。

「さあ、イノベーションをやろうと身構えても、イノベーションは突然起こるものではない。まずはイミテーション（模倣）から始めなければダメだ。次に、カイゼンのインプルーブメント。そのうえでイノベーションが生まれる」

トヨタの事業もベンチャーとして模倣から始まり、世界の自動車産業に多大なイノベーションを生み出してきたのである。トヨタにしてみれば、織機も自動車もベンチャーから始まった事業である。何もないところから行動を起こし、改革を実現してきたからこそ今の成功がある。戦後の焼け野原から復活するとき、恥も外聞もなく日本のベンチャーは模倣をし、成功への夢を追っていた。

2018年6月のイベント「ザ・コネクティッド・デイ」において参加者に呼びかける豊田章男社長。提供：トヨタ自動車

今や、プライドの高い大企業は、現状維持を重んじる経営の中で模倣もなく、行動もない。いつから日本の企業は、これほどまでに守りを固める文化に染まってしまったのだろうか。波風を立てず前例を踏襲し、１ミリも今のやり方を変えたくはない。そのような守りの文化につかっていては、ＣＡＳＥ革命に勝利することは難しいだろう。

自動車産業を狙うライバルはウーバーやディディチューシンなどのベンチャー企業、グーグル、アップルなどの巨大ＩＴ企業群だけではない。近い将来の脅威がこういった既存勢力によってもたらされるとは限らない。アマゾンのようなまったく新しいテクノロジー企業が参入する可能性もあれば、新興企業の中から新しいグーグルが生まれる可能性もある。中国の国家戦略の中から新しい脅威が生まれる可能性もあるだろう。

自動車産業はベンチャースピリットを発揮し、その魂に火を灯さねばならないときが来ている。さらに、一人で戦っていては負ける。そんな危機意識が、トヨタとは水と油に思えるソフトバンクへも提携を持ちかけた真の動機であるだろう。

ＣＡＳＥ革命前夜の緊張感に包まれる中で、トヨタは再び殻を破る改革が必要だと考えているようだ。第4章で触れた「ザ・コネクティッド・デイ」は日本国内の7会場をライブでつなぎ、会場は次世代のモビリティ社会を築こうという意欲にあふれるベンチャー企業の若者たちで満たされていた。彼らへ豊田はこう語りかけ、終わりなき仲間づくりへの決意を示すとともに、人差し指を高らかに掲げた。

「自動車をつくる会社から、移動に関わるあらゆるサービスを提供するモビリティカンパニーへモデルチェンジする。みんなで一緒に未来のモビリティを創りたい。私たちと一緒に自動車の未来を創りませんか？　ご賛同の皆さま……この指とーまれ！」

❖GM、ダイムラー、トヨタの三国志

先進国の自動車産業からは、コネクティッド戦略を施行し基盤づくりを先導してきたダイムラー、トヨタ、フォードに加え、車載情報システムのオンスターを展開し、ＩＢＭなどとの幅広い提携関係を築いてきたＧＭの4社が先行している。2018年に入って、それらに追い付けとコネクティッド戦略を発動させたＶＷ、ルノー－日産－三菱の2社を加えた6社がＭａａＳ領域では中核的な存在となろう。

なかでも、GM、ダイムラー、トヨタによる三国志のような戦いの構図が浮かび上がっている。コネクティッド基盤構築のスピード感、MSPFのエコシステムの構築、自動運転やライドシェア、カーシェアを含めたMaaS領域の技術基盤など、包括的に見て3社の競争力の優位性が感じられる。トヨタは、マツダ、スズキ、SUBARUを含めた仲間との連携も強みとなるのではないだろうか。

このような中核6社のアプローチと同等で大規模なMaaS基盤の構築は、小規模自動車メーカーが実施できるものではない。マツダ、スズキ、SUBARU、ダイハツ工業など国内主要メーカーはトヨタの築く基盤を有効に活用する方向だ。ただし、MSPFが完全な相乗りとなる意味ではない。例えばマツダの場合、データセンターはトヨタと合流する方向だが、MSPFは自社専用の基盤を模索するようだ。マルチメディアの領域では、トヨタ、パナソニック、アップル、グーグルなどとの幅広い連携を行う方針である。

ただし、モビリティ領域だけで2030年の競争力を議論するのでは不十分である。勝敗を2030年に至っても、CASE革命の移行期の序盤を終えた段階にすぎない。勝敗を決する時間軸としては時期尚早である。伝統的な自動車事業の収益基盤は、2030年段階でも重要な部分を占めている公算が大きい。それをおろそかにすることは本末転倒であり、モビリティの勝者になることもないだろう。

ホンダ、PSA、FCA、現代自動車など中規模の自動車メーカーは、MaaS領域では自社基盤の構築だけではなく、中核6社の有する基盤と連携し、GAFAともバランス良く提携戦略を描く必要があるだろう。自社で対応すべきところ、オープンに他社と連携する部分の切り分けが重要になってくる。

自動車部品業界へは2030年までに大再編の波が押し寄せそうだ。MaaSの産業構造では、自動車メーカー、ティア1、ティア2の関係が対等に移行することをすでに指摘した。しかし、ティア1は戦略パートナーか量産パートナーに選ばれなければ、付加価値を喪失し、ティア1・5に転落するリスクがある。クルマの基本機能を統合的に制御する開発力と知見を有する戦略パートナーはティア0・5のような存在となり、MaaS車両を事業者に提供できる存在へと昇格できそうだ。ボッシュ、コンチネンタル、アプティブ、マグナはこの車両開発に意欲を燃やす。ZFやデンソーもMaaS車両生産での遅れを挽回する可能性が高い。

量産パートナーとして生き残るためには、エンジニアリング能力を有するシステム・サプライヤーとならなければならない。オートリブから分離したエレクトロニクス事業のヴィオニア（Veoneer）、アイシン精機、ZF-TRWなどは、生き残りをかけた企業買収や戦略提携などを打ち出してくる可能性もあるだろう。

❖ホンダの生き残りは可能か

ＣＡＳＥ革命の中で、将来の存在感に不透明感が漂うのがホンダである。ホンダは世界の自動車産業の中では中規模であり、近年は自動車技術の遅れも懸念され、ＭａａＳでも重要技術のＡＩやＩＴでの遅れが感じられる。

確かに、近年の自動車事業ではコスト競争力で見劣りし、一時は最高峰と評価されたエンジン技術も現在は凡庸と化している。「フィット」の品質問題に始まり、米国での収益力の低下、ハイブリッド車ではトヨタにまったく歯が立たない。かつてはソニーと並ぶ代表的なサクセス・ストーリーの企業であったホンダから昔のようなオーラがなぜ消えたのか。そこには、２０００年代に芽生えた経営努力の欠落（＝大企業病）と、その停滞からの脱却を目指した「２０２０年ビジョン」と呼んだ構造転換の失敗という長い歴史的な背景がある。

要するに、ホンダは２０００年代の米国での住宅バブルの中で高収益、高成長に甘やかされ、欧州自動車産業が目論んだ競争力の転換、新興国需要のパラダイムシフトに乗り損ねたのだ。その挽回を目論んだ反撃も頓挫し、ホンダは技術レベルの低下とブランドの個性喪失という迷路に入り込み、規模拡大とホンダらしさを両立できないという深刻な出口にたどり着いてしまったのである。

ホンダの経営システムの特徴は、地域が完全に独立した意思決定を行うところにあり、それぞれの地域で営業（S）、生産（E）、開発（D）が一体となって商品開発を進める「SED」が成功の源泉にあった。ところが、地域がバラバラで「SED」を進めても、効率を追求した欧州戦略に対して非効率で競争力を発揮できない。開発効率は悪化し、肝心の技術面では研究力もモチベーションも低下していたのだ。

新社長として登場した八郷隆弘は、自動車事業のコスト競争力を挽回するため、2017年から「SED2・0」を発動させた。地域でバラバラだったクルマの設計を全体最適化するアーキテクチャを定め、電動化を視野に入れたモジュール単位の設計を推進している。マツダのスカイアクティブやトヨタのTNGAからかなり出遅れたが、これは避けて通れない基本的な能力である。

「今までのやり方を否定してでも変えていく必要がある。今こそ『生まれ変わる』くらいの気持ちで生活を変えることが必要だ。それは、明日からウォーキングをやろうというようなレベルではない、体内の血の入れ替えをするくらいの気持ちで生活を見直さなければならない。この危機意識こそ、SED2・0の意識であり、根底にある部分である」

SED2・0のプロジェクトオーナーを務める八郷社長は、社内に向けて意識改革の大切さを社内報を通じてこう訴えた。

さらに、競争領域と協調領域を再定義し、協調領域にはオープンイノベーションを採り入れる方針を定めた。ホンダにとって初の車両領域での外部提携となったのが、燃料電池車の開発と製造でＧＭと組んだことだ。自動運転車ではＧＭとウェイモの2社と提携し、北米のリチウムイオン電池の供給をＧＭから受けるなど、近年は提携戦略を相当加速化させてきた。

ホンダに挽回のチャンスがあるとすればどこだろう。世界最大の二輪車、汎用（発電機）製品、ホンダジェットなど競争力がある人・モノ・エネルギーのモビリティ事業を有するのが同社のユニークなところだ。この3事業でざっと年間2000万人のユーザー接点のあるプラットフォームを有するところは間違いなく強みとなる。この領域をＩｏＴ化し、ＡＩを用いた新しいＭａａＳに展開するプラットフォームを構築していけば、面白い存在となる。

新しい移動ビジネスでホンダらしい存在感を発揮し復活へ向かうのか、企業の寿命が尽きて凋落していくのか、まさにホンダは岐路に立っていると言えるだろう。日本の自動車産業は、トヨタを中核とする日本連合だけでは、トヨタの慢心を招きかねない。米国やドイツのように、強固な2番手、3番手がいてこそ、緊張感を維持した競争が築ける。ホンダの再起は、日本の自動車産業には欠かせないと言えるだろう。

❖日本の戦略とその落とし穴

トヨタグループの1000万台に提携関係があるスズキ、マツダ、SUBARUを合計すれば1600万台もの販売台数に達する。これは世界の自動車販売台数の20％に迫る勢力となる。この仲間の基盤に、CASEを展開することで、欧米と中国の自動車メーカーに対抗できる生き残り策を模索するのがトヨタの戦略であり、もはや日本戦略の姿そのものとなった。

CASE革命に対応すべく、ライバルはドイツ村で強力なチームを構成している。ならば、日本はトヨタ村でチームを組んで対抗し、そこから世界の標準技術に磨き上げることを目指すということだ。決してガラパゴス志向ではなく、世界標準レベルを目指す第一歩である。トヨタ村には1600万台規模の同じ志を持ち共鳴する仲間という基盤がある。スケールはそれ自体が強力な競争力なのである。

本書では、トヨタを中核とした様々なトヨタ村でのアライアンスの解説を行ってきた。EVの基盤技術開発をするEV－CAS、トヨタとパナソニックの車載用角形電池での協業検討、自動運転ソフトの先行開発を行うTRI－AD、その統合ECUを開発するのがデンソー・アイシン精機・アドヴィックス・ジェイテクト4社合弁会社だ。電動車ではデンソーとアイシンが対等合弁を設立しており、ハイブリッドを中心とする駆動モジュールの世界的な拡販を目指す。

ものづくり領域でトヨタグループの力を結集することは間違いなく強みがある。同時に、古い時代の駆け引きや企業間エゴに振り回されるコップの中の嵐ともいうべき非効率の世界がいまだに残っていることも否定できない。クルマの「走る・曲がる・停まる」のシステム開発で陣取り合戦をしている余裕などもはやないはずだ。非効率な駆け引きが続くトヨタグループは、やはり事業が分散化しすぎている印象が強い。

生き残りをかけた改革を志向する欧州勢とは対照的に、国内自動車部品産業は長く続く好景気と好業績のもとで危機意識が欠けている印象が強い。国内自動車産業の国際競争力を支えてきたのは、部品メーカーのものづくりの力にあったことは間違いない。しかし、クルマの付加価値はソフトウェアに移行し始め、高度IT技術、コネクティッドと連携を求められる時代に向かっている。欧州勢は企業買収を繰り返し、コア事業以外は積極的にスピンオフするなど事業ポートフォリオを見直している。コンチネンタル、オートリブ、アプティブなど、CASE革命への仕組みづくりを、痛みを伴いながらも急速に進めているのだ。

中国NEV政策の本当の狙いがどこにあるかは先ほど触れた。もう一度繰り返すが、戦略はNEVで市場を埋め尽くすことではなく、電池の競争力で世界的なトップに立つことにあるのだ。電池を押さえ、その廉価な電池を少し多めに搭載する中国版ハイブリッド車は、モーターと内燃機関を芸術的に制御し、少量の電池で高い燃費性能を発揮するトヨタのハイブリッド技術の競争力を封じ込めることが可能となる。そのあとで、NEVに中国版ハイブリッドを含めるなどして適切なパワートレインの分散を進めていけばいいのである。

これに対抗する日本の戦略とは何だろうか。ハイブリッド技術を世界に広め、NEVの普及を抑制することは間違いなく時間稼ぎになるだろう。NEVに代わる次世代エネルギー車（たとえば燃料電池車）をいち早く開発する、中国に負けない次世代の電池開発で先行する。確かにこれらは勝利できる産業政策だろう。しかし、この成功の暁には、少し先の未来だが、エンジンを本当に必要としないモビリティ社会が訪れることを意味する。

これまでの成功要因であるものづくりの力に慢心していてはならない。「高品質だから高コスト」という甘えがあれば、電機産業の失敗と同じ轍を踏みかねない。今こそ、自動車産業は内から改革を進めるフロンティア精神が必要だ。勝てるものづくりとは何なのか、どういった新しい能力構築が必要なのか。自動車産業にとって、今ほど、経営者の信念や資質が問われる時代はないだろう。

あとがきに代えて——ポストコロナの自動車産業

2019年12月に中国武漢で確認された新型肺炎は、旧正月の帰省ラッシュを通じて中国全土に拡大した。お隣の中国で新型肺炎が拡大しているニュースは耳にしていたが、1月23日の武漢市封鎖のニュースで激震に変わった。さらにイタリアに波及した後に世界に広まり、3月11日にWHOはパンデミック宣言をするに至ったのだ。

新型コロナウイルス感染症(以下、コロナ)は世界的な経済危機引き起こすこととなった。リーマンショックと比較すると、「カネ」の停止と「ヒト・モノ」の停止に本質的な相違点がある。リーマンショックは金融システム危機が発端となり「カネ」の停止と共に、需要後退↓生産調整↓業績悪化の負の連鎖が続いたのである。ところが、金融システムを回復させて「カネ」が回り始めれば、経済は本格的なV字回復へ向かった。そのけん引役を果たしたのが自動車産業であった。世界中で新車需要喚起策が発動され、世界販売は危機からわずか12カ月で危機前の水準に回帰したのだ。

コロナ危機では、武漢封鎖を発端とした中国サプライチェーン危機が始まりにあったが、パンデミック化で「ヒト」と「モノ」の停止を同時に招いた。「カネ」は潤沢にあるのだが、世界中の社会・経済活動が封鎖状態になった。リーマンショックをはるかに超える歴史的な大不況が訪れ、サービス業、航空業、公共輸送業らと並び自動車産業は散々たる負け組の産業に陥ったのだ。

リーマンショックでは金融システムの立て直し、アメリカ同時多発テロではテロリストに打ち込んだミサイルが消費マインドを回復させ、新車消費の回復をもたらした。コロナでは抗ウイルス剤（特効薬）、ワクチンなどが必要だと考えられるが、いずれも少なくとも1～2年の時間を要すると言われている。

コロナ危機は、出口の姿とそこに至るまでの時間がはっきりと見えないことが最大の特徴である。停止した「ヒト」と「モノ」は動き始めたが、どのような価値観と生活様式で再生していくのか、回復ロードマップは幅広いシナリオを考える必要がある。

コロナに怯えて巣籠もった時期を「インコロナ」とすれば、コロナと共生し出口を手探りで模索するのが「ウィズコロナ」、コロナを克服し、新しい価値観と生活様式で成り立つ世界が「アフターコロナ」である。ウィズコロナからアフターコロナの期間を「ポストコロナ」と定義したとき、ポストコロナにおける自動車産業の構造変化、いわゆる新常態（ニューノーマル）とはどのような姿になるだろうか。

米国ではリモートワーク増を受けて自動車需要が減少する、感染を嫌う中国はシェアリングが後退する、家族との時間を有意義にするキャンピングカーが売れるなど、様々なブレーン・ストーム的議論はある。しかしここからは、アフターコロナを見据えた体系的な論考が、大切な作業である。

過去最大の経済危機と言われながらも、ここまで新車の需要回復は確かに順調に進捗してきた。筆者は、「短期的な需要のV字回復がいったんは進むはず」と危機当初から主張してきた。その根拠は、ロックダウン政策で先延ばしにされた新車需要が解除後に顕在化する「遅延需要効果」、政府の需要促進策による「前倒し需要効果」、感染防止のため公共交通分担率が低下し「自家用車の移動価値が増大」の3つの理由による。

事実、中国はマイカーブームが来ているし、米国では不況下に高額なSUVやピックアップトラックが飛ぶように売れている。

危機前の水準に需要回復はできるだろうが、問題はそこから先である。世界的に一定のリモートワークが定着し、移動に占める公共交通分担率が低下し、脱都市化が進展し、新車の開発から販売、サービスまでデジタル化やオンライン化が進み、コロナ危機下で見つけた全く新しい価値観が人の移動を支配するとき、いったい何が自動車産業に起こるのだろうか。例えば、ニューヨーク、ロンドン、パリ、東京の世界4大都市合計の公共交通のトリップ数は1日あたり1110万回、危機前と比較して約40%減少すると試算される。公共交通から弾き出された人々の新たなモビリティが自動車産業に多大な影響をもたらすことは容易に想像できるだろう。

ポストコロナの自動車産業の新常態は、想像以上に重大な構造変化をもたらすと予想する。コロナ前の予測と比較し、世界新車販売台数は2022年時点でベースラインシナリオが1000万台弱、第2波悲観シナリオでは1500万台が下振れると予想する。第2波悲観シナリオにおいて、グローバルの完成車メーカー（トヨタ自動車、本田技研工業、日産自動車、GM、フォード、VW、ダイムラー、BMW）8社合計で、2022年までの累積3年間で250億ドル（約2兆6750億円）のキャッシュフローを喪失する見通しだ。

コロナ危機の勝ち組であるIT企業が自動車産業への攻勢を強めている。この危機の最中において、アマゾンは米国有力自動運転ベンチャーであるズークスを約1200億円で買収し、テスラはトヨタの時価総額を軽々と追い抜き、それを追う米国EVベンチャーのリビアンは25億ドル（約2670億円）もの大型増資を実現した。ポストコロナで自動車産業に迫りくるのは、CASE革命の加速化に間違いなく、産業はデジタル化の大波を受けることになるだろう。

この中で生き残りを図るためには、自動車メーカーは強靭な企業体質を獲得しなければならない。内部コスト構造の再構築、外部事業構造の再構成の推進が必要なことは言うまでもなく、デジタルトランスフォーメーションに真剣に取り組まなければならない。本書の重要な論点である第8章のソフトウェアの津波が自動車産業をすっぽり呑み込んでいくだろうと予見する。

自動車産業は3兆円規模の固定費削減を実施し、2・7兆円規模の一般領域の開発費効率化を実現できる大規模な構造対応を実施していかなければならないのである。資本・業務提携も含めた全く新しいアライアンス戦略への展開も見えてくるはずだ。

こういった様々な仮説検証を急がなければならない。ポストコロナに向けた企業戦略の指針を示し、日本自動車産業の復活に向けたその足元をわずかでも照らしたい。自動車産業を分析するアナリストを生業としてきた筆者にとって、過去最大の課題が突き付けられていると感じる。

この度は、コロナ危機の最中にあって2018年10月に上梓した『CASE革命』の文庫化に取り組め、一部加筆できたことは幸運でした。その機会を頂いた株式会社日経BPと同社でご担当頂いた渡辺一さんに感謝を申し上げます。

執筆に向けてデータ収集、編集、校閲、雑務までサポート頂いた弊社のインターン生へも感謝申し上げます。早稲田大学大学院経済学研究科の Liu Yujun さん、国際基督教大学の山口晴香さん、カリフォルニア大学の Sarah Nakanishi さん、スタッフの長井清美さん、ジェフリーズ証券東京支店調査部の鄭立霖さん、荻野茂美さんに感謝を申し上げます。本文中の肩書は当時のものとし、敬称は省略いたしました。

2020年8月　中西孝樹

注

(1) 「ソサエティ５・０（Society 5.0）」 https://www8.cao.go.jp/cstp/society5_0/index.html、内閣府

(2) "The Great Mobility Tech Race Winning the battle for future profits" https://www.slideshare.net/TheBostonConsultingGroup/the-great-mobility-tech-race-winning-the-battle-for-future-profits, The Boston Consulting Group

(3) 「Connected戦略説明会」 https://newsroom.toyota.co.jp/jp/detail/14129197、トヨタ自動車

(4) 「フォルクスワーゲン グループ、経営構造の大規模な見直しを決定」 https://www.volkswagen.co.jp/content/dam/vw-ngw/vw_pkw/importers/jp/volkswagen/news/2018/info180413_2_web.pdf/_jcr_content/renditions/original./info180413_2_web.pdf, Volkswagen

(5) 「テスラ車死亡事故に関する報告書」 https://static.nhtsa.gov/odi/inv/2016/INCLA-PE16007-7876.PDF, NHTSA

(6) "2019 Autonomous Vehicle Disengagement Reports" https://www.dmv.ca.gov/portal/vehicle-industry_services/autonomous-vehicles/disengagement-reports/, California state

(7) 「運輸分野における個人の財・サービスの仲介ビジネスに係る国際的な動向・問題点等に関する調査研究」 http://www.mlit.go.jp/pri/houkoku/gaiyou/pdf/kkk148.pdf、国土交通省

(8) 「わが国のカーシェアリング車両台数と会員数の推移」 http://www.ecomo.or.jp/environment/carshare/carshare_graph2020.3.html、公益財団法人交通エコロジー・モビリティ財団

(9) "CHANGING THE WORLD WITH AV" https://investor.gm.com/static-files/6eb181e4-612e-488d-b73c-2d632e3a0949, General Motors

(10) 「官民ＩＴＳ構想・ロードマップ ２０１８」 https://www.kantei.go.jp/jp/singi/it2/kettei/pdf/20180615/siryou9.pdf、内閣官房ＩＴ総合戦略室

(11) 「ＮＥＤＯ 二次電池技術開発ロードマップ ２０１３」 http://www.nedo.go.jp/content/100535728.pdf、国立研究開発法人新エネルギー・産業技術総合開発機構（ＮＥＤＯ）

⑿「ＥＶが安くならない「本当の理由」を教えよう」『Newspicks』　https://newspicks.com/news/2810320/body/

⒀“Tracking Clean Energy Progress 2017”　https://www.ourenergypolicy.org/wp-content/uploads/2017/TrackingCleanEnergyProgress2017.pdf, IEA

⒁「最強のＥＶ電池メーカー。『中国ＣＡＴＬのすべて』」『Newspicks』　https://newspicks.com/news/3055847/body/

⒂中西孝樹『トヨタ対ＶＷ（フォルクスワーゲン）——２０２０年の覇者をめざす最強企業』日本経済新聞出版社

⒃“Volkswagen's digital transformation gathers speed”　https://www.volkswagen-newsroom.com/en/press-releases/volkswagens-digital-transformation-gathers-speed-4115, Volkswagen

参考文献

■書籍

アーサー・ディ・リトル・ジャパン『モビリティー進化論』日経BP社、2018年
イエンス・ベルガー、岡本朋子訳『ドイツ帝国の正体――ユーロ圏最悪の格差社会』早川書房、2016年
井熊均『「自動運転」が拓く巨大市場――2020年に本格化するスマートモビリティビジネスの行方』日刊工業新聞社、2013年
井熊均・井上岳一『「自動運転」ビジネス 勝利の法則――レベル3をめぐる新たな攻防』日刊工業新聞社、2017年
泉田良輔『Google vs トヨタ――「自動運転車」は始まりにすぎない』KADOKAWA、2014年
井上久男『自動車会社が消える日』文藝春秋、2017年
小川紘一『オープン&クローズ戦略――日本企業再興の条件』翔泳社、2014年
風間智英『決定版 EVシフト』東洋経済新報社、2018年
Jack Ewing, *Faster, Higher, Farther: The Volkswagen Scandal*, W. W. Norton & Company（ジャック・ユーイング、長谷川圭・吉野弘人訳『フォルクスワーゲンの闇――世界制覇の野望が招いた自動車帝国の陥穽』日経BP社、2017年）
デルフィスITワークス編『トヨタとGAZOO――戦略ビジネスモデルのすべて』中央経済社、2001年
デロイト トーマツ コンサルティング『モビリティー革命2030――自動車産業の破壊と創造』日経BP社、2016年
徳田昭雄・小川紘一・立本博文『オープン・イノベーション・システム――欧州における自動車組込みシステムの開発と標準化』晃洋書房、2011年
長島聡『日本型インダストリー4・0』日本経済新聞出版社、2015年

中西孝樹『トヨタ対ＶＷ（フォルクスワーゲン）――２０２０年の覇者をめざす最強企業』日本経済新聞出版社、２０１３年
中村吉明『ＡＩが変えるクルマの未来――自動車産業への警鐘と期待』ＮＴＴ出版、２０１７年
桃田健史『アップル、グーグルが自動車産業を乗っとる日』洋泉社、２０１４年

■雑誌
「自動運転」『Motor Fan illustrated』２０１３年12月、Vol.86
「自動運転」『自動車技術』２０１５年12月、Vol.69　No.12
「自動運転の現状と今後について」『ＪＡＭＡＧＡＺＩＮＥ』２０１７年４月号、日本自動車工業会
「ヘルベルト・ディースとのインタビュー」『Automobilwoche』２０１７年11月号
"ROAD TESTED:COMPARATIVE OVERVIEW OF REAL-WORLD VERSUS TYPE-APPROVAL NOx AND CO_2 EMISSIONS FROM DIESEL CARS IN EUROPE", The International Council on Clean Transportation (ICCT), 2017/9

■レポート・論文
青木啓二「自動運転技術の開発動向と実用化に向けた課題」日本自動車研究所ＩＴＳ研究部
小川紘一・立本博文・李澤建・新宅純二郎「ＥＶ時代を迎える自動車産業の競争と協業戦略」
オートパイロットシステムに関する検討会「オートパイロットシステムの実現に向けて中間とりまとめ」平成25年10月
隈部肇『運転支援の高度化に向けた取組み』株式会社デンソー走行安全事業部、２０１５年３月10日
内閣官房ＩＴ総合戦略室「ＩＴＳ・自動運転を巡る最近の動向（２０１７年春以降の動き）」内閣官房ＩＴ総合戦略室、２０１７年12月６日
藤本隆宏・武石彰『自動車・戦略重視のリーン生産方式へ』２００３年

山岸秀之「自動運転に関する国際動向」内閣府、２０１５年2月27日
「特集／自動運転」『国際交通安全学会誌』国際交通安全学会、２０１５年10月、Vol.40、No.2
「次世代モビリティの普及が中部圏産業に与える影響について」公益財団法人中部圏社会経済研究所、２０１５年10月1日
「アイランド・オブ・オートノミー」KPMG International、２０１７年
「自動運転技術と融合が進みつつあるコネクテッドカーの世界市場調査」富士経済、２０１８年2月27日、第１８０１８号
「愛知県の自動運転関連の取組及び今後の予定について」愛知県、２０１８年3月15日
「自動走行の実現に向けた取組方針」Version2.0」自動走行ビジネス検討会、２０１８年3月30日
Volkswagen Group, “Volkswagen Group: Robust, Innovative, Delivering”, Volkswagen Group, 2015/9/14
Volkswagen Group, “We are redefining mobility”, Volkswagen Group, 2017/9/11
“UK plan for tackling roadside nitrogen dioxide concentrations”, Department for Transport, UK, 2017/7/1
“The rise of mobility as a service”, *Deloitte Review*, Issue 20/2017
“Electric Vehicle Outlook 2017”, Bloomberg New Energy Finance, 2017/7/1
“Lithium-ion Battery Costs and Market”, Bloomberg New Energy Finance, 2017/7/5
“The future of the car industry as WLTP bites”, JATO, 2017/11
“THE AUTOMOTIVE SECTOR IN AN ERA OF CHANGE”, BNP PARIBAS, 2018/4/27
“VW:Great Expectations-who is Herbert Diess and what exactly can he do for you?”, アライアンス・バーンスタイン、２０１８年4月18日
“European Autos-Electric Vehicle Strategies: The 5 key decisions each CEO needs to make NOW”, アライアンス・バーンスタイン、２０１７年9月4日

■ウェブサイト（ＵＲＬは原則として単行本刊行時）

・大聖泰弘「次世代自動車技術に関する将来展望」 https://www.denso.com/jp/ja/innovation/technology/dtr/v22/keynote-02.pdf

・「飛躍的な一歩：ボッシュの新しいディーゼル技術によりＮＯｘ排出量低減のソリューションを提案」 https://www.bosch.co.jp/press/group-1805-01/

・「フォルクスワーゲン グループ、経営構造の大規模な見直しを決定」 https://www.volkswagen.co.jp/content/dam/vw-ngw/vw_pkw/importers/jp/volkswagen/news/2018/info180413_2_web.pdf/_jcr_content/renditions/original./info180413_2_web.pdf

・「SoftBank Vision Fund ビジネスモデルと会計処理」 https://cdn.softbank.jp/corp/set/data/irinfo/presentations/analyst/pdf/2017/investor_20180209_02.pdf

・テスラ「マスタープラン パート２」 https://www.tesla.com/jp/blog/master-plan-part-deux

・“AUTOMATED DRIVING SYSTEMS 2.0” https://www.nhtsa.gov/sites/nhtsa.dot.gov/files/documents/13069a-ads2.0_090617_v9a_tag.pdf, NHTSA

・“2018 SELF-DRIVING SAFETY REPORT” https://www.gm.com/content/dam/gm/en_us/english/selfdriving/gmsafetyreport.pdf

・“A MATTER OF TRUST FORD”
https://media.ford.com/content/dam/fordmedia/pdf/Ford_AV_LLC_FINAL_HR_2.pdf

・Connected Car 社会の実現に向けた研究会「Connected Car 社会の実現に向けて」 http://www.soumu.go.jp/main_content/000501374.pdf、総務省

・「先進安全装備　プロパイロット」 https://www3.nissan.co.jp/vehicles/new/serena/safe.html、日産自動車

・「Strategy&デジタル自動車レポート２０１７」 https://www.strategyand.pwc.com/media/file/2017-Strategyand-Digital-Auto-Report_JP.pdf、ＰｗＣ

・「ＣＥＳ２０１８ トヨタプレスカンファレンス豊田社長スピーチ」 https://newsroom.toyota.co.jp/jp/corporate/

20566891.html、トヨタ自動車
・「トヨタ自動車、友山茂樹氏に訊くモビリティの未来とコネクティッド戦略」『NEXT MOBILITY』 https://www.nextmobility.jp/car_sales/toyota-motor-future-of-mobility-and-connected-strategy-to-ask-mr-shigeki-tomiyama-part-220171211/、ジェイツ・コンプレックス
・「フォード、自動運転部門を独立　４４００億円を投資」『日経電子版』 https://www.nikkei.com/article/DGXMZO33372050V20C18A7000000/
・「アイシン精機・デンソー・トヨタ、自動運転技術の先行開発分野での技術開発促進で新会社を設立」『日経電子版』 https://www.nikkei.com/article/DGXLRSP473278_S8A300C1000000/
・「Google I/O 2018　基調講演まとめ」『ITmedia』 http://www.itmedia.co.jp/news/articles/1805/09/news053.html、アイティメディア
・「自動運転、踏みとどまるＧＭ　対シリコンバレーで明暗」『日経電子版』 https://www.nikkei.com/article/DGXLASGN13H3V_U7A610C1000000/
・「自動走行車に「怖くて乗れない」、73%に上昇　米調査」 https://www.cnn.co.jp/tech/35119642.html、ＣＮＮ
・「シェアリングエコノミー」 https://www.pwc.com/sg/en/publications/assets/the-sharing-economy-jp.pdf、ＰｗＣ
・「トヨタのConnected戦略」 http://www.soumu.go.jp/main_content/000483331.pdf、トヨタ自動車
・「上院商業・科学・運輸委員会、自動走行車を推進する『AV START Act』を可決」 https://nedodcweb.org/wp-content/uploads/2017/10/SELF-DRIVE-Act-AV-START-ACT.pdf、ＮＥＤＯワシントン事務所
・「自動走行の実現に向けた取組」 https://www.kantei.go.jp/jp/singi/keizaisaisei/miraitoshikaigi/suishinkaigo2018/revolution/dai2/siryou4.pdf、内閣官房ＩＴ総合戦略室
・「ボッシュ・グループ年次記者会見」 https://corporate.bosch.co.jp/news-and-stories/apcj-2018/、ロバート・ボッシュ
・"HONDA JOINS WITH CRUISE AND GENERAL MOTORS" https://investor.gm.com/system/files-encrypted/nasdaq_kms/assets/2018/10/03/8-26-21/GM%20Investor%20Call%20Deck%20-%20100318.pdf, General Motors
・"Volvo Cars and Autoliv announce the launch of Zenuity" https://www.media.volvocars.com/global/en-gb/media/pressreleases/202044/volvo-cars-and-autoliv-announce-the-launch-of-zenuity, Volvo Cars

日経ビジネス人文庫

CASE革命《かくめい》
MaaS時代《じだい》に生《い》き残《のこ》るクルマ

2020年10月1日 第1刷発行

著者
中西孝樹
なかにし・たかき

発行者
白石 賢

発行
日経BP
日本経済新聞出版本部

発売
日経BPマーケティング
〒105-8308 東京都港区虎ノ門4-3-12

ブックデザイン
相京厚史（next door design）

本文DTP
マーリンクレイン

印刷・製本
中央精版印刷

Printed in Japan ISBN978-4-532-19984-5